华夏文库·儒学书系

家训之祖
颜氏家训

冯祖贻 著

大地传媒　中州古籍出版社

《华夏文库》发凡

毫无疑问，每一个时代都有属于自己时代的精神追求、文化叩问与出版理想。我们不禁要问，在 21 世纪初叶，在全球文明交融的今天，在信息文明的发轫初期，作为一个中国出版人，我们正在或者将要追求什么？我们能够成就或奉献什么？我们以何种方式参与全球化时代的文化传播进程？在一连串的追问下，于是，有了这套《华夏文库》的出版。

自信才能交融。世界各大文明在坚守自身文化个性的同时，不约而同地加快了探视其他文化精神内涵的步伐，世界不同文明正在朝着了解、交流、碰撞、借鉴与融合的方向前进。在此背景下，建立自身的文化自信，正是与世界各文明民族进行文化交流的基本要求。五千年中华文明与文化正在不断地被其他文明所发现、所挖掘、所认知，汉语言正在生长为世界语言，儒文化正在世界各地落根发芽。

借助这样一种正在成长着的文化自信、自觉、开放、亲和之力，用我们这个时代的学术眼光全面系统地梳理中华五千年的文明与文化，向其他各大文明与文化圈正面展示自我，让中华优秀文化成为世界文化的重要组成部分，正是我们出版这套文库的目的之一。此其一。

知己才能知彼。身处五千年文化浸润的今天，重新思考我们先人的人生思考、价值思考与哲学思考，找到一个民族、一个国家的价值所在、立命所在、安身所在，这已经是我们这个时代的学人与出版人不得不再思考的问题。作为中华文明的一分子，我们在思考的同时，还必须了解我们的先人创造了如何优秀的精神文明与物质文明以及社会文明。只有熟知自己的文化，热爱自己的文化，悟明自己的文化，我们才能宣说自己、弘扬自己、光大自己。因此，我们策划组织这套《华夏文库》的初衷，还在于让当下的知识青年全面系统瞭望中华文明与文化的全景，并借此能够为更深广的世界各民族文化提供一个比较认知的基础。此其二。

顺势才能有为。我们正处在农耕文明、工业文明、信息文明的交汇处，信息文明带领我们从读纸时代进入读屏时代，以智能手机屏幕为代表的书籍呈现方式正在与纸质书籍争夺阅读时间与空间。我们正在领悟数字技术，正在以信息文明的视角，去整理、分析和研究农耕文明与工业文明的文化遗产，不仅仅是为了唤醒优秀的传统文化，我们还在生发和原创着当今时代的文化。由此，我们试图架起一座桥梁——由纸质呈现而数字呈现，由数字呈现而纸质呈现，以多媒介的书籍呈现方式，将文字、图像、声音与视频四者结合，共同筑成《华夏文库》以奉献给信息文明时代的新读者。此其三。

总之，这是一套——专家大家名家写小书；以最小的阅读单元，原创撰写中华精神文化、物质文化与社会文明系列主题与专题；以图文、音视频多媒介呈现的方式，全面介绍与传播中华文明与优秀文化，系统普及与推介中华文明与文化知识；主旨是为了让世界与中国共同了解中国的——大型丛书，借此复兴文化，唤起精神，融入世界。

耿相新
2013 年 6 月 27 日

目 录

一 颜之推的家世、经历和写作《颜氏家训》的背景

  1 南迁世族 …………………………………………… 3
  2 三为亡国之人 …………………………………… 7
  3 写作《颜氏家训》的历史背景 …………………… 16

二 《颜氏家训》
    ——家训之祖

  1 家庭教育 ………………………………………… 29
  2 道德教育 ………………………………………… 37
  3 学习的目的与方法 ……………………………… 48
  4 理想人生的度过 ………………………………… 60
  5 艺术修养和对家族传统的固守 ………………… 69

三 《颜氏家训》的叙事方法和教育方法

1 以儒家经典、格言为出发点 ················ 87
2 以历代圣贤、明达之士作楷模 ··············· 91
3 以亲身经历当教材 ······················ 94
4 以古今事例供借鉴 ······················ 98

四 《颜氏家训》对后世的影响

1 对颜氏后代的影响 ···················· 105
2 对后世家训、家范、家诫的影响 ············· 112

小知识目录

礼玄双修 ··· 25
训诂学 ·· 25
小学 ·· 59
"五经""六经" ······································ 68
刘勰与《文心雕龙》 ································· 83
王羲之的书法艺术 ··································· 84
六艺 ·· 84
许慎与《说文解字》 ································· 89
颜师古与《汉书注》 ································· 110
颜氏家庙碑 ·· 110
司马光和《家范》 ··································· 128
袁采和《袁氏世范》 ································· 128
蒙养 ·· 128
"东浙第一家"与《郑氏规范》 ······················· 129

一 颜之推的家世、经历和写作《颜氏家训》的背景

范文澜先生在《中国通史简编》第二编中，谈及颜之推及其所著《颜氏家训》时说：

> 他是当时南北两朝最通博最有思想的学者，经历南北两朝，深知南北政治、俗尚的弊病，洞悉南学北学的短长，当时所有大小知识，他几乎都钻研过，并且提出自己的见解。《颜氏家训》20篇，就是这些见解的记录。

范氏还认为：

《颜氏家训》的佳处在于立论平实。平而不流于凡庸，实而多异于世俗，在南方浮华北方粗野的气氛中，《颜氏家训》保持平实的作风，自成一家言，所以被看作处世的良轨，广泛地流传在士人群中。

可见，范氏对颜之推的学问及《颜氏家训》这部书的评价是很高的。

颜之推为什么要写这样一部书？这部书的主要内容是什么？它对颜氏后人及后世产生了什么样的影响？要回答上述问题，就应从了解颜之推这个人说起。

1. 南迁世族

颜之推（531～590后数年），字介，祖籍琅邪郡临沂县（今山东临沂）。九世祖颜含跟随晋元帝司马睿东渡江南。颜之推回忆，同时东渡的有百家，后传百家谱，颜氏应是百家之一。那时的世族，多以"郡望"相标榜，东晋以后的南朝各代，在江南设侨郡、侨县来安置南迁世家大族，在今天的句容附近设琅邪郡，在南京附近设临沂县，颜氏家族就此安顿下来。颜之推实际上是南京人，小地名叫长干里颜家巷。他在《观我生赋》里就

南京大报恩寺琉璃塔
颜氏家族南迁后，累世居住于东晋及南朝的都城，也就是今天的南京，小地名叫长干里颜家巷。大报恩寺原址位于南京城南古长干里，即今中华门外的雨花路东侧。琉璃塔建于明永乐年间，九层八面，高约109.7米，拱门用无色琉璃构件拼接而成，塔顶是用2000两黄金制成的宝顶，被称为"天下第一塔"。1856年太平天国占领南京时被毁

一　颜之推的家世、经历和写作《颜氏家训》的背景 | 3

山东临沂普照禅寺大雄宝殿
山东临沂，是颜之推的祖籍，汉晋时期是琅邪郡临沂县故地，也是西晋末年琅邪王司马睿封地。司马睿率百家世族南迁，颜氏为百族之一。颜之推九世祖颜含以是得到东晋重用，奠定了颜氏在南朝的地位。普照禅寺大雄宝殿为琅邪八景之首"普照夕阳"的自然景观。此殿西壁有窗，夕阳西下时阳光自窗射入殿内，照在金色的佛像上，金光四射，蔚为壮观

说他的家族"去琅邪之迁越，宅金陵之旧章"。

颜含因为是随司马睿南迁的世族成员，所以在东晋很受重用，历任散骑常侍、大司农，因平定苏峻之乱有功拜侍中，封西平县侯。颜含以后的各代，历东晋、宋、齐各朝，均任显职。颜之推的祖父颜见远，因博学有志行，南齐和帝萧宝融在江陵即位（501年），出任治书侍御史兼中丞。一年后梁武帝萧衍受禅改国号为梁，萧宝融被杀，颜见远为之不食数日，忧愤而卒。颜见远之子颜协，自幼博涉群书，尤熟习《周官》(《礼记》中的一篇)、《左传》，并工草隶，年长后被梁武帝之子湘东王萧绎征辟为镇西府咨议参军，因父亲颜见远为梁代南

齐而死,"感家门事义,恒辞征辟,游于藩府而已"。

颜之推为颜协之次子(一说第三子),生于梁武帝中大通三年(531年),此时距颜含率族南迁已有200余年了。

东晋、南朝各代帝王都对世族极其优待,原因是他们都是被世族拥戴而登上帝位的,其中尤以南迁世族最为显达。以时封琅邪王的司马睿南渡之初的情况说起,一开始他们并未得到江南人民的拥护,后来是琅邪大世族王导、王敦等设计,在三月三日上巳节那天,让司马睿乘轿出游建康(今江苏南京)城外,北方世族骑马随从,隆重的仪仗、威严的行列,让江南土著大开眼界,特别是其中"江南之望"的顾荣等人纷纷拜倒在地上,才打下司马睿在江南称帝的基础。以是南迁世族无不"平流进取,坐至公卿"。宋、齐两代还在法律上规定"甲族(世族)以二十登仕,后门(寒门)以过立(三十岁以上)试吏",保证世家大族在政治上的地位,以是东晋南朝的南迁世家像琅邪王氏、陈郡谢氏等无不累代簪缨,他们聚族而居的建康乌衣巷,到了数百年后的唐朝,还成为诗人凭吊的古迹。

颜氏虽不如王氏、谢氏那样显赫,但因祖籍与司马睿原来封地相同,又与王氏同为郡望,得到东晋以后南朝各代照拂自是必然。颜之推在《家训》中反复强调,"吾家风教""靖侯成规"(靖侯为颜含的谥号),要子孙"终身服膺",以"绍家世之业"。原因便在他们家是高贵的世族。

颜之推对世族的出身极为看重,还表现在他对北齐时曾任过的官职黄门侍郎非常自豪。他在北齐末年曾出任过平原太守,高于黄门侍郎(太守官俸两千石,黄门侍郎仅六百石),他不大提及;写《家训》时已进入隋朝,他对隋朝的官职"学士"和"内史"也不感兴趣;偏偏要将《家训》署为"北齐黄门侍郎颜之推撰",就是因为黄门侍郎、散骑侍郎在南北朝时，官职不高，却是清贵之选，"黄、散之职，故须人门兼美"，不是有学问的高级世族是不能担任此职的。颜之推在梁时任职散骑侍郎，到北齐任职黄门侍郎，以是在《观我生赋》及《家训》中，不说"忝黄散于官谤"，便道"吾近为黄门郎"，无非向人表明，他这个人是"人门兼美"的。从隋到唐，社会上也是重门第的，前代门阀世族仍有较高地位，以是隋和唐代的载籍目录上，也认可了颜之推的"自署"，以是"《颜氏家训》北齐黄门侍郎颜之推撰"的记录，就这么一直留传下来。

2. 三为亡国之人

"三为亡国之人"是颜之推对自己身世的感叹,他的身世遭遇,也是南北朝时期战乱频仍、王朝接连更替、百姓流离失所的活写照。

颜之推因其祖父、父亲都在江陵任职,以是他的童年是在江陵度过的。他自幼受到良好的家庭教育,他记得每天早晨和傍晚跟着哥哥到父母面前问候,父母也问长问短,表扬优点,指出努力方向,极为恳切。9岁时父母去世,他便由哥哥抚养,哥哥也极仁慈,引导他走上正路。颜之推早早便诵习《礼记》,学写文章。12岁时,湘东王萧绎因喜爱玄学,在荆州(今湖北江陵)亲自讲《老子》《庄子》,颜之推也去听讲,成为萧绎门徒,但终因非其所好,还是重新捡起"不从流俗"的正统儒家学问。因博览群书,学问博洽,词情典丽,在荆州一带很有名望。受流行风尚影响,少年时的颜之推"好饮酒,多任纵,不修边幅",受到某些正派人士非议。

正当这位少年在荆州过着既正统又有些放浪不羁的生活时,远在千里之外的梁朝首都建康发生了一场大变故。

此时梁武帝萧衍从南齐手中夺取政权已过了46年。北中国由东魏、

湖北荆州古城墙

531年,颜之推出生于湖北江陵。549年,颜之推时年19岁,出任萧梁皇族萧绎的右常侍、镇西曹墨参军,后被指派辅佐萧绎之子去抵御侯景,失败被执。侯景死,返江陵,在萧绎(梁元帝)手下任散骑常侍。554年江陵被西魏攻破,颜之推与江陵百姓被驱赶北上

西魏两个政权分割统治。东魏大将侯景(系同化为鲜卑的羯族人),拥兵10万,据有河南地,因与东魏权臣高洋有矛盾,欲将河南13州献给西魏,西魏宰相宇文泰接受侯景投降,但却受降如受敌,命侯景交出军权,单身赴长安就职。侯景夹在东西魏之间,处境极尴尬,于是他的眼睛瞄上了南方的梁朝,以河南地改献梁朝,与梁武帝接洽投降事宜。萧衍听说侯景来降,认为统一中原的机会到了,一面接受侯景投降,任命侯景为大将军、河南王、都督河南北诸军事、大行台,一面派自己的侄子萧渊明率兵5万,攻东魏的彭城(今江苏徐州)接

应侯景。谁知萧渊明根本不懂军事，加之梁朝对士兵极严酷，须锁械迎敌，以是大败，萧渊明被俘，5万梁军全军覆没。侯景见梁军如此不经打，助长了野心，率军进入梁境，梁武帝此时还封侯景为豫州刺史，赐锦彩钱布来犒军。

侯景于梁太清二年（548年）从寿阳起兵，直逼长江。梁武帝君臣认为长江是天堑，侯景绝不能渡江，谁知梁武帝之侄萧正德，怨恨没有当成太子，派船将侯景全军接到江南，天堑变作坦途。这一年十月二十二日渡江，二十四日便下建康，将梁武帝围在台城（皇城）中，台城在被围130天之后被攻下。3个月后，梁武帝老病饿死，侯景拥立梁武帝第三子萧纲为帝，即梁简文帝。

侯景攻下建康的消息传出，萧氏分封在各地的皇族纷纷起兵救援，其中以梁武帝的第七子萧绎据守江陵最为重要，兵力也最强，萧绎的职务是"使持节都督荆、雍、湘、司、郢、宁、梁、南北秦九州诸军事，镇西将军、荆州刺史"。颜之推最初的官衔："右常侍"指在萧绎左右；"镇西墨曹参军"，指的是在萧绎组成的军队（镇西将军府）中的职务。当时颜之推才19岁。

各地勤王军虽分散，兵力却不小，一时有二三十万人，但各皇族都心怀鬼胎，想乘机攫取皇位，而将军们却只知掳掠，打算进入南京后捞一把。因此萧绎并不着急派大军去建康，他当时最担心的是六哥萧纶和八弟萧纪。时萧纶被推为各路勤王军盟主；而萧纪驻节梁、益，随时有沿长江东下的可能；除此之外，在荆州附近还有他大哥萧统（已死）的两个儿子：一萧詧，驻守襄阳，一萧誉，驻守湘州（长沙），都虎视眈眈地注视着荆州的动静。在侯景攻下建康，老皇帝（梁武帝）饿死台城，新皇帝（简文帝）被逼当傀儡时，萧梁统治集团就是这样一个情景。颜之推在《观我生赋》中这样记述：

昔承华之宾帝，寔兄亡而弟及（指萧衍死时，因衍之长子萧统先死，所以三子萧纲当了太子，被侯景拥立）……闻王道之多难，各私求于京邑（指国家多难，各地皇族、将军对占领建康有所奢望），襄阳阻其铜符，长沙闭其玉粒（襄阳，指萧詧，拒不听从萧绎指令；长沙指萧誉，拒不供给萧绎粮食），遽自战于其地，岂大勋之暇集（指萧氏皇族各自斗争，根本顾不上"勤王"的大勋）。子既损而侄攻，昆亦围而叔袭（指萧绎派自己儿子萧方等去打萧誉，萧方等为乱兵所杀，萧詧为救自己兄弟萧誉而攻荆州）……行路弯弓而含笑，骨肉相诛而涕泣（前一句用《孟子·告子》中典故，意即举弓的人只有对关系疏远的人，如路人，才能边笑谈边举弓射之，萧氏骨肉相残比路人还不如）。

国破家亡之时，骨肉相残到如此田地，颜之推的短短几句诗，为我们留下了萧梁贵族内部争斗极残酷但又真实的图景。

萧绎要争当皇帝，第一个要对付的是萧纶，此时萧纶在吴越一带勤王，兵败从鄱阳（江西）退到湘北郢州（今武昌），仍"假黄钺、都督中外诸军事、承制百官"，他不死是萧绎的最大心病。萧绎乃派兵攻下郢州，萧纶败走，萧绎与西魏勾结，答应"请同附庸，并送质子"，西魏大将杨忠终将萧纶杀死。

萧绎占领郢州后，派他的第二子萧方绪（时年仅15岁）为中抚军、郢州刺史，组织了一个参谋集团，颜之推参与其间，去抵御侯景。郢州位于江陵下游，军事地位极为重要，但萧方绪是个生于深宫的贵公子，不懂军事，他依仗的人又是"仗御武于文吏，委军政于儒生"，仗没有打，就注定要失败。这时侯景已扫平吴、越，率兵上攻荆、襄，矛头直指郢州。郢州城破，颜之推被执。侯景几次要杀颜之推，有一次已将颜之推的衣服都剥去了，幸亏有一个叫王则的人再三相救，颜之推才得免死，被押回建康。侯景返建康后，先杀被他拥立的简文帝萧纲，另立豫章王萧栋（551年），后又逼萧栋禅位，自己当了皇帝，改国号为汉，这是颜之推经历的第一次亡国之痛，这一年，颜之推21岁。

萧绎眼见萧纶已死，侯景已走下坡路，才大张旗鼓地讨伐侯景，命大将王僧辩率军直下建康，侯景兵败被杀，萧栋也被王军沉水溺死。王军还在建康大肆抢掠，一把火将台城内宫殿及台省烧光。建康在被侯景烧杀之后，又遭到横劫，真是"野萧条以横骨，邑阒寂而无烟"。颜之推摆脱囚徒命运后，曾到老家长干里颜家巷去探望，忍不住流下泪来。

至此，萧绎方即帝位，即梁元帝，但他的八弟萧纪仍据上游峡口，萧绎又勾结西魏，西魏军兵下成都，萧纪前后失据，萧绎派兵攻峡口，将萧纪杀死。此时梁元帝统治下的版图：长江下游江以北地方，全被取代东魏的北齐所占，四川被西魏所占，荆州之北的襄阳萧詧投了西魏，南岭以南地区归了另一宗室萧勃，全国户籍还不足3万。

萧绎继位，因见建康残破，决定定都江陵；颜之推返江陵，萧绎任他为散骑常侍。其时王僧辩将建康秘阁所余旧籍8万卷，捆载送江陵，加上萧绎原来收藏约有数十万卷，颜之推被安排检校其中的史部，空暇下来，还与朝臣们相互唱和，但这种日子没有持续多久，萧绎之侄萧詧为报杀兄之仇，再三向西魏权臣宇文泰陈说灭梁之计，西魏便以梁未履行前约（约定作附庸并送质子）为由，于554年10月，派兵5万直下江陵，这时萧绎还召集诸臣讲《老子》。在围城中，萧绎命人焚毁古今图书14万卷。城破，萧绎投降被杀，驻建康的大将军王僧辩、陈霸先拥立萧方智为帝，是为梁敬帝。

北周壁画：战争中的战马
甘肃敦煌莫高窟（千佛洞）296窟北壁

魏军俘虏江陵附近军民共十余万口为奴婢,驱赶北上,其惨况正如颜之推所说的:"民百万而囚虏,书千两(同辆)而烟炀,薄天之下,斯文尽丧。怜婴孺之何辜,矜老疾之无状,夺诸怀而弃草,踣于途而受掠。"颜之推作为俘虏,也不得不被驱赶北上。这是他第二次遭遇的亡国之痛。

西魏军中有大将军李穆,很欣赏颜之推的才华,特将他从俘虏中挑出,推荐到自己哥哥弘农(今河南陕县)李远那里做文字工作,为时约一年。《北齐书·文苑传》称:"值河水暴长,具船将妻子来奔,经砥柱之险,时人称其勇决。"颜之推投奔北齐,看似偶然,但却是经过策划的。他投北齐,是因为北齐与梁交好,遣送被东魏俘虏的梁贞阳侯萧渊明和几位梁朝使臣如谢挺、徐陵等,他眼见这一情况,打算通过北齐再返梁朝。在下决心奔北齐时,他还进行占卜,得到吉卦,所以才冒了风险,由陕县东下,"水路七百里,一夜而至",到了北齐境内。

到了北齐,才知形势已起了变化,南朝陈霸先接受梁禅,成立了陈朝,北齐与梁和好的关系已成过去,他才断了南归的念头。

北齐是个由鲜卑贵族和汉族世族地主相结合组成的政权,颜之推投奔北齐得到了他们的欢迎。显祖(文宣帝)高洋将他引入内馆,侍从左右。武成帝高湛河清年间(562～565年)举他为赵州功曹参军。后主高纬上台,汉族世族祖珽掌权,设立文林馆,颜之推入馆,撰修《修文殿御览》,迁通直散骑常侍,领中书舍人,再迁黄门侍郎。这一段经过,《北齐书·文苑传》中记:"之推聪颖机悟,博识有才辩,工尺牍,应对闲明,大为祖珽所重;令掌知馆事,判署文书。"齐后主生活极端奢侈腐化,但却喜欢词赋,愿与文人交往,以是"帝时有取索,恒令中使传旨,之推禀承宣告,馆中皆受进止,所进文章,皆是其封署,

邺城遗址金凤台
邺城遗址位于今河北临漳县附近。颜之推在邺城待的时间很长（556～577年）。邺城经曹操大肆修建后，宫殿宏丽、街市繁盛，北齐定其为首都。颜之推曾在北齐任过黄门侍郎

于进贤门奏之，待报方出。兼善文字，监校缮写，处事勤敏，号为称职。帝甚加恩接，顾遇逾厚，为勋要者所嫉"。其实，不只是颜之推，祖珽等世族士大夫均被鲜卑勋贵们视为仇敌，佞幸小人穆提婆、高阿那肱、韩长鸾等先将祖珽排挤出首都邺城（今河北临漳县附近），又借汉族文臣们连署谏劝后主赴晋阳（今山西太原）事，杀崔季舒、张雕、刘逖、封孝琰、裴泽、郭遵等，这批汉族文臣，不少是文林馆旧人。那次，颜之推恰好请假在家，文臣聚会连署，他不在场，才侥幸逃过此劫。隆化元年（576年），已取代西魏政权的北周出兵伐北齐，晋阳失守。次年，颜之推向后主献策，募兵河南，若抵抗不成，南下

投奔陈国，丞相高阿那肱反对。鲜卑勋贵实际上是准备献出后主，向北周投降。后主任命颜之推为平原太守，把守河南一带，作南逃打算，自己却出奔青州。这一年北周兵下青州，俘后主，颜之推第三次当了亡国之人。这一年（577年），颜之推47岁。

3. 写作《颜氏家训》的历史背景

颜之推进入北周,在静帝宇文阐大象末年(约580年)担任过御史上士。隋文帝杨坚代周后,开皇年间(581～600年)被太子杨勇召为学士,很受礼遇。从《颜氏家训》避隋讳,凡"忠"字作"诚"字,如"忠孝"讳为"诚孝"、"忠臣"讳为"诚臣"(因杨坚父名杨忠)来看,《家训》应写于隋初。《家训》中所引的事也出于隋初,并有"今天下大同""今虽混一"等明指隋统一全国之句;但也不可能迟至隋炀帝即位之后,因《勉学》《书证》诸篇,直接引《广雅》,不避炀帝(名杨广)之讳。成书年代,"其当六世纪之末期"。《终制》篇中颜之推自称"吾已六十余",估计《颜氏家训》成书后不久他便去世了,时约隋开皇十余年,颜之推活了60多岁。

颜之推不仅"三为亡国之人",而且有两次都在生死关键时刻活了下来,所以他在《家训》最后一篇《终制》中感叹地说:"死者,人之常分,不可免也。吾年十九,值梁家丧乱,其间与白刃为伍者,亦常数辈;幸承余福,得至于今。"他自认为,一生经历过的事,与一般古书上记载的不同,是"经目过耳"即亲身的体验。他说"同言

西安永定门城楼及城墙

西安,隋时称大兴,唐时称长安,是隋唐两代的都城。颜之推入北周后,隋代周,颜氏任学士,《颜氏家训》成书于此,书成后不久颜之推便逝世(约在590年后数年)。颜氏便定居于此,颜氏后代的籍贯改为长安万年县

隋文帝

隋文帝杨坚（541～604年），弘农华阴（今陕西华阴）人，隋朝的建立者，重新统一了分裂的中国

而信，信其所亲；同命而行，行其所服"，他要以亲人身份，同时又是为全家素所信服的家长身份，将自己的经验变作后人财富，起到前车之覆，后事之鉴的作用。

近年来，有人对颜之推写作《颜氏家训》的年代提出了异议，以《家训》所引资料为由，提出了北齐或更早之说。此说引起了人们的思考。我认为，不在于《家训》究竟写于何时，而是颜之推写《家训》时，的确是以整个南北朝历史作为反思对象的，以至有人说《家训》是将那个时代的知识作了百科全书式的展示。

既然南北朝的历史就是颜之推写作《颜氏家训》的大背景，那么，我们兹将此段历史中的重大事件，凡对颜之推产生影响、在《家训》中有反映的，挑选有代表性的几件，加以陈述，供读者理解颜之推其人、《颜氏家训》其文时的参考。

第一，颜之推在《观我生赋》里曾将自己的时代作了概括，"大道寝而日隐，《小雅》推之云亡""举世溺而欲极，王道郁以求申"。诗中"大道""《小雅》""王道"都是儒家心目中的圣世代名词，这些都消亡了，剩下的只是人的欲望，这真是一个"远绝圣而弃智，妄锁义以羁仁"的时代。这个时代还有一个特点，那就是："自春秋以来，家有奔亡，国有吞灭，君臣固无常分矣。"所谓"春秋以来"不过是个"遁词"，实质即是当代，王朝更替，今日为臣，明日便成君，给人民带来的是死亡和灾难，这不是南北朝政治的写照吗？在这样一个时代，保持固有的君君、臣臣的儒家伦理极不可能，对普通百姓言，保全自己的生命安全更是大事。这便是颜之推颇为突出的"养生"思想的由来。他说："夫养生者先须虑祸，全身保性，有此生然后养之，勿徒养其无生也。"只有保存了自己的生命才能行忠、孝，尽仁、义，因此颜之推要在传统儒学与"全身保性"之间寻找平衡点，他归结为一句话："肠不可冷，腹不可热。"

谢灵运

谢灵运（385～433年），小名客儿，世称谢客，陈郡阳夏（今河南太康）人，南朝诗人。幼年接触到了道家的思想，而晚年的谢灵运却逐渐佛化，这只能解释为东晋时期佛道不相冲突的结果。同样，掌国柄的门阀，虽然也是以玄处世，但完全的玄是不利于门阀政治的需要的，故有出入玄儒、礼玄双修之语

众所周知，"养生"本出道家，为魏晋玄学家极力推崇，颜之推少时颇习玄学，为萧绎弟子。但这与他家的礼学传统不相符合，所以他话锋一转，又说："夫生不可不惜，不可苟惜……行诚（忠）孝而见贼，履仁义而得罪，丧身以全家，泯躯而济国，君子不咎也。"似乎又复归了传统的儒家忠、孝、仁、义立场上去了。

他这种时而道玄，时而遵儒的立场与东晋以来"礼玄双修""玄礼合流"的流行思想相仿佛，从玄学中发现了生命的可贵，又不愿完全改变儒家立场，应是《颜氏家训》与南北朝社会思潮的合拍之处。

第二，颜之推是南北朝世家大族由兴盛到衰败的目击者，颜之推要维护自身家族利益，便不能不对残酷的现实进行批判和总结。

颜之推对南朝世族的腐朽，揭露得至为深刻。他说："梁朝全盛之时，贵游子弟多无学术，至于谚云：'上事不落则著作，体中如何则秘书。'"他们一个个熏衣剃面，傅粉施朱，驾长檐车，穿高齿屐，

坐棋子方褥，凭班丝隐囊（即靠枕），褒衣博带，出入要人扶持，他们从不骑马，也不认识马，听见马嘶叫，竟吓得说："这不是老虎吗？"侯景之乱时，由于"肤脆骨柔，不堪行步，体羸气弱，不耐寒暑"，只能等死。

他们不但生活上低能，具体事务上也一无所长，经国大事提不出对策，更不知农民耕稼，百姓交税，"应世经务"一概不懂。甚至已达到不读书的程度："明经求第，则顾人答策；三九公宴，则假手赋诗。"当了俘虏，只能去耕田、养马，别的什么都不会。

南方世族如此，北方世族同样这样。颜之推见到北朝的士大夫，买驴立卷，写了3张纸，还没讲到一个"驴"字。一位北齐汉族士大夫曾对颜之推讲："我有一儿，年已十七，颇晓书疏，教其鲜卑语及弹琵琶，稍欲通解，以此伏事公卿，无不宠爱，亦要事也。"将自己儿子培养成向鲜卑贵族谄媚的奴才，此士大夫当作"要事"，颜之推听了后，简直不知如何回答。

无论南朝和北朝，世族都在衰败下去，连皇帝都知道靠这批人无法治理国事，南朝就改用出身寒门但有才干的将帅和官员（当时叫典籤），让他们掌握国家权力。这就预示了隋唐以后任官制度的大改变，由科举代替察举和征辟。颜之推在世时虽没有到这一步，但从《家训》中反复告诫其子孙，不只要读好书，更要不务虚名，培养"应世经务"的能力，他的危机感是存在的。颜之推对南北朝时世族日渐没落的警示性描述虽不乏功利主义色彩，但由于他观察深刻，更具有强烈的批判意味。

第三，魏晋南北朝是个动乱的社会，不仅皇室、上层士大夫，就是一般百姓都有一种朝不保夕的心态，人们在寻求精神寄托，这便是这一时期道教、佛教盛行的社会根源。

修容饰性
出自《女史箴图》,东晋顾恺之绘,唐摹本,英国大英博物馆藏。此画几乎成为中国古代表现魏晋名士生活最有代表性的作品

梁武帝是历史上出名的"佞佛"皇帝，他三次舍身同泰寺为僧，这不能不影响颜之推。颜之推反对家中信巫，所谓"符书章醮，亦无祈焉"；但却笃信佛教的因果报应和"神通感应"。他"劝诱"后世对佛教"勿轻慢"，他写《归心》称为"家世归心"，可见信仰之坚定。

对颜之推的佛教观应作些考察。通读《归心》，他的用力处在于以儒释佛，调和儒佛之间的关系。他说，佛学讲内典是精神上的皈依，是内教；而儒学则讲求外在的事功，是外教。"内外两教，本为一体"。内典上的五种禁忌：不杀、不盗、不邪、不酒、不妄，与外典即儒学的仁、义、礼、智、信是一致的，僧人学佛经、戒律，与儒士读《诗经》《礼记》并无区别。

颜之推的崇佛言论，很受后世儒家知识分子批评，有的《颜氏家训》翻刻本，干脆删去《归心》一篇。清代编《四库全书》，纪昀等执笔写的《总目提要》，也因此将《家训》逐出儒家，"退之杂家"。颜之推崇佛，大谈因果报应，确实"不足为训"，也不值得后世效仿；但从中国宗教史的角度言，却是有意义的。以儒释佛，正开启了佛教中国化的先河，为隋唐时佛教文化进一步繁荣开辟了道路，《颜氏家训》透露出了其中的消息。

第四，颜之推学问淹贯经史，博学多能，在中国文字、音韵、训诂、校勘学上贡献尤大。

《书证》和《音辞》二篇是他上述学问的集中体现。据不完全统计，他在这两篇中引用的书籍达40余种，现大多已不存。颜之推对所引旧籍之得失均有评论，可见他学问的由来自有渊源。通过《家训》记述，可了解我国古代在文字、训诂、声韵和古籍校勘上的成就，颜之推本人则是南北朝时的总大成者。

颜之推在学术上的贡献大约有以下几个方面：

在文字学上，颜之推极推崇汉代许慎的《说文解字》，认为它隐括有条例，剖析有根源，是辨析文字入手书；但运用《说文》，应"通变"，文字是"随代损益，互有同异"的，不可过分拘泥于《说文解字》。从中国文字研究史上，《说文解字》的功用极大，清代便是《说文解字》研究的高峰，文字学成就也极高，颜之推在1000多年前的倡导之功，不可埋没。

在训诂学上，颜之推能从字形、音韵等方面着眼，并通过考察实物，来求得古书的正确意义。在《家训》中，他举出的实例，成为中国训诂学释音、释义、释物的范本，为今日训诂学引为不易之论。

许慎

许慎（约58～约147年），字叔重，汝南召陵（今河南漯河召陵区）人，东汉经学家、文学家及语言学家，是中国文字学的开拓者。著有《说文解字》，是中国首部字典

在音韵学上，颜之推成就更大。他总结出了了解中国音韵的几大原则：首先，由于中国领土辽阔，"夫九州之人，言语不同，生民以来，固常然矣"。其次，中国历史悠久，古今音韵有变化，"古今言语，时俗不同""古语与今殊别，其间轻重清浊犹未可晓"，研究古音是不易之事。再次，颜之推由南而北，对南北语音了解很深，知其流变。他发现，自东汉、魏、晋，百年来洛阳是首都，洛阳音即是"正音"；东晋南迁后定都建康，历南朝各代，建康音又成为南朝"正音"。这个规律便是：古代"共以帝王都邑，参校方俗，考核古今，为之折衷，榷而量之，独金陵与洛下耳"。不过建康音受地方环境影响已"南染吴越"，洛阳音也"北杂夷虏"了。颜之推对古今、南北语音上的诸多见解，仍为今天研究中国古今音韵发

一　颜之推的家世、经历和写作《颜氏家训》的背景 | 23

展史所遵循。

在校勘学上,他确定了"观天下书未遍,不得妄下雌黄"的校勘原则。他从古器物上的铭文,纠正《史记》上人名的错误;又用碑刻证明古今地名的变迁,实际上已开创了以金石补史之阙、纠史之错的先例。

《书证》《音辞》两篇因其学问太专业,殊为后世不解。《颜氏家训》的翻刻本中,有的版本竟将此二篇删去,这是不理解颜之推的苦心孤诣所致。颜氏要后人继承其家业,就应该包括他及前代在学问上的成就。他的目的达到了,唐代颜氏后人,在上述领域都取得了骄人成就。颜之推在学问上的继往开来,预示了隋唐文化高潮的到来。

范文澜对南北朝时期的文化曾做过这样的评价:"南北两朝文化上各种成就,作为整体看,是战国以来又一次出现的辉煌时期。"颜之推的《颜氏家训》与同期涌现的萧统的《文选》、刘勰的《文心雕龙》、钟嵘的《诗品》、郦道元的《水经注》、贾思勰的《齐民要术》等,均是那个时代的文化珍品。《颜氏家训》因其"通"和"博",持论平实,可以说是对南北朝和南北朝之前的中国学术,包括儒,特别是其中的"礼"及"礼玄双修",释中的儒释关系,道中的养生,还有上述的文字学、音韵学、训诂学、校勘学,都作了某种程度的总结和阐释,并影响至后世。

我们将上述几点意见在此写出,不只是考虑到颜之推生活在那样一个时代,那个时代的一切世风、世习都会对颜之推这个人、《颜氏家训》这本书产生影响;另外我们也深深感到,《颜氏家训》不只是一本普通的蒙训读物,它对中国中古史的研究和中国文化史的研究都是不可多得的。我们今天读它,除一般家训上的意义之外,还应摆脱"以家训论家训"的框架,从历史文献学、从中国文化史的角度,解读它的深刻意蕴。

小知识◎礼玄双修

魏晋之际,因玄学流播,儒家正统的名教产生了危机,西晋时玄学更为兴盛,元帝东渡,危机带到南方,此时,一批知识分子在痛定思痛后,都认识到要消弭这一危机。但此时传统旧礼法既不足以适应已变的社会状况,而魏晋以来一直支配着士大夫生活的新的伦理价值——情——也不能完全置之不顾。因此革新旧礼法以安顿新价值,使情礼之间得到调和,可以说是能解决问题的唯一途径。东晋以后礼玄双修的学风便是在这种情势下发展起来的。所以"礼玄双修"又称"情礼俱到",《颜氏家训》中所说"礼缘人情"就包含了此义。

◎训诂学

古时小学的一部分,解释古书中词句的意义,又称"训故""诂训""故训"。分开来讲,用通俗的话来解释词义的叫作"训",用通俗的话来解释方言的叫作"诂"。

二 《颜氏家训》
——家训之祖

我们提出应从历史文献学和中国文化史角度来解读《颜氏家训》。从《颜氏家训》的写作目的、全书内容、篇章结构看，它已是一部完整意义上的家训。它被历代翻刻，作为撰写各式家训、家诫、族规、族法的范本，在明清家训普世化过程中，起过很大作用，以是被人称为"古今家训，以此为祖"。

《颜氏家训》共20篇，第一篇《序致》为全书总序，交代了作者写书的目的。从

第二篇《教子》开始历《兄弟》《后娶》到《治家》，可称家庭教育篇，讲述家庭中父子、兄弟、母子间的伦理关系，以《治家》即如何治理家庭，营造家庭教育环境作结。第六篇《风操》、第七篇《慕贤》可称道德教育篇，抓住了封建时代世族的风尚，进行多方面的教化。第八篇《勉学》为学习篇，是本书核心篇章之一，因为世族后代要成为家业继承者，必须重视学习，此篇论述了学习目的，反复交代了学习的经验和方法；从第十篇开始的《名实》、《涉务》（第十一篇）、《省事》（第十二篇）、《止足》（第十三篇）是世族子弟成长中必须经过的社会锻炼与培养，可说是本书的社会篇。《文章》（第九篇）、《杂艺》（第十九篇）可称文化和艺术修养篇，因为全面发展的世族子弟理应有较高的文学与艺术修养。全书的《养生》（第十五篇）、《归心》（第十六篇）在后世某些版本中被删，但很重要，是那个时代儒、佛、道关系的最好见证，可称之宗教与思想篇。《书证》（第十七篇）、《言辞》（第十八篇）两篇反映了作者颜之推本人的学术成就，可称之学术篇。全书以《终制》（第二十篇）结束，交代了作者的遗言，与第一篇《序致》前后呼应，再次强调了作者对后代的希望。这不过是大致区分，各篇之间，内容亦有交叉之处。

　　从上述归类中不难看出，颜之推写《家训》是经过深思熟虑的，尤其令人惊叹的是他的篇章结构也暗合我们今日的教育类别。如我们当代常将教育划为家庭教育、学校教育、社会教育三大块，《家训》除缺学校教育外，其他两块都有；今日按性质细分，教育又有道德教育、人格教育、职业教育，《家训》中都有所涉及；按受教育者的年龄划分，我们常将一个人的教育过程区分为幼儿教育（含胎教）、青少年教育、成人教育、终身教育，《家训》均有陈述；今日教育很重视学习，《家训》也同样重视，在学习目的、方法上更是屡屡细述。《颜氏家训》真可谓是一本与当代教育多方接轨的中国古代教育大全，它的出发点虽是家庭教育，但论述范围已超过了家庭教育范畴，很值得我们仔细分析和品味。

1. 家庭教育

人们通常通过西方教育家夸美纽斯（1592～1670年）、洛克（1632～1704年）、裴斯泰洛齐（1746～1827年）的教育理论，了解西方的家庭教育；但生活在6世纪的颜之推，在继承古代中国丰富的教育实践基础上，提出了独特的家庭教育思想，人们则知之不多，《颜氏家训》就是这方面的代表之作。

幼儿教育

颜之推很懂得家庭教育对一个人成长的重要影响。《颜氏家训》一开篇，他便以自己的亲身经历作证。

他自幼生长于有"整密"的家庭教育之家，受到父母严格要求，9岁时父母故去，兄长便代替父母，十八九岁便知严格要求自己，30岁以后，才"大过稀焉，每常心共口敌，性与情竞，夜觉晓非，今悔昨失"。为什么会"大过稀焉"？就因为学会了自我反省，不随口乱说话，不任性做事，知道白天做错了什么，昨天做错了什么，这一切都因为自幼受到父母、兄长教育，"少知砥砺，习若自然"的结果。

为什么良好的习惯必须自幼养成？颜之推提出一套行之有效的主张和办法。

第一，家庭教育要从胎教开始。

颜之推在《教子》篇开头便说："古者，圣王有胎教之法：怀子三月，出居别宫，目不斜视，耳不妄听，音声滋味，以礼节之。"胎教并不是颜之推发明的，儒家经典《礼记》就有记载："胎教之道，书之玉板，藏之金匮，置之宗庙，以为后世戒。"可见自古以来中国人就重视胎教，妇女怀孕后，让其思想、视听、言语、动作、饮食都谨守礼仪，给胎儿以良好影响。颜之推重申胎教，是将家庭教育时间前移。

《颜氏家训集解》书影
今人王利器撰，并附各本序跋、颜氏传及其全部佚文，是迄今为止最为完备的《颜氏家训》版本

第二，婴儿时要施行家庭教育，使婴儿能"导习"之。

颜之推说："生子咳啼，师保固名孝仁义，导习之矣。凡庶纵不能尔，当及婴稚，识人颜色，知人喜怒，便加教训，使为则为，使止则止。"从婴儿知道哭笑，就应施之教育，这时的教育是让婴儿辨别喜、怒、哀、乐，知道什么是当为，什么不当为。他用一句俗语概括这一时期施以教育的重要："教妇初来，教儿婴孩。"

第三，孩子数岁，父母便要施之身教，有爱，更有教。

此时教育，关键在父母，"父母威严而有慈，则子女畏慎而生孝矣"。此时切记，父母不能"无教而有爱"，对孩子过分溺爱，"饮食运为，恣其所欲"，孩子要什么就满足什么；孩子犯了错，该罚不罚，反以孩子天真行为而得意。孩子大了，便以为即使犯了错也不必害怕，等到"骄慢已习"，成了习惯，这时才去制止他，"捶挞至死而无威，忿怒日隆而生怨"，就是打死也起不了作用，反引起孩子反感。至成年，孩子必然成为道德上有瑕疵的人。父母"无教而有爱"，实则是"失去教义"。因为孔子说过，"少成若天性，习惯如自然"。

颜之推提出家庭教育要从幼儿抓起，是有根据的。他说："人生小幼，精神专利，长成以后，思虑散逸。故需早教，勿失时机。"他以自己为例，7岁时读《灵光殿赋》到今天，只要每隔一段时间，重温一遍，还不遗忘；20岁以后所读经书，一个月不读它，便全忘记了。证明儿童幼年时，心地纯净，精神专一，记忆力好，能把学到的知识和做人道理牢牢记在心间；长大以后，事务杂多，思想杂念也多，效果就会差得多。颜之推的幼儿教育观，大多是些经验之谈，但却符合儿童生理及心理发展的特征。

父子、兄弟伦理

中国古代是个封建家长制社会，父亲是一家之长，在家庭教育中，父亲对儿子的教育，无疑是第一位的。《颜氏家训》在《序致》篇后，紧接着的便是《教子》。

根据《礼记》和孔子的教导，颜之推提出了处理父子间关系的原则："父子之严，不可以狎；骨肉之爱，不可以简。""狎"有轻薄、浮滑之意。"简"则是简慢的意思。即是说，父子之间要严肃，不能做轻薄、浮滑之语或动作；但父子又是骨肉，要爱得深沉，不能简慢。

如何理解"不简慢",在另处,颜之推曾以儿子、媳妇见到父母时为例,说清楚了这点,作为儿子、媳妇要向父母问寒问暖,父母有病痛应亲自去按摩,亲自为父母悬帐、铺被、安枕,自然父母对下辈也要"赐以优言,问所好尚,励短引长,莫不恳笃"。

为进一步说明严父如何对儿子进行教育,颜之推举孔子与其子伯鱼的故事。这个故事大意为:一次孔子学生陈亢问伯鱼:"先生(指孔子)最近有什么新闻吗?"伯鱼答:"没有。有一次父亲一个人站着,我匆忙走过他身边,他问是去读《诗经》吗。我回答不是,父亲说'不学《诗》,无以言',我只好回去好好读《诗经》。又一天,父亲独

曲阜孔庙诗礼堂
建于宋代,为纪念孔子教育儿子孔鲤学《诗》《礼》而命名

王览

晋代王览与王祥为同父异母的兄弟,王祥侍奉后母非常孝顺,而后母经常打王祥。王览看到后,就抱着哥哥哭。王祥的道德学问日益提升,后母痛恨万分,于是起了恶念,在酒里下毒,要给王祥喝。恰好被王览发现,王览把毒酒夺过来要喝下去,后母把酒打翻在地。兄弟之情终于感化母亲,并被后世称为"王览争鸩"。

自站在那里,我又匆忙走过他身边,他问是去读《礼记》吗。我回答不是,父亲说'不学《礼》,无以立'。我只好回去好好读《礼记》。最近的见闻,只有这两件事。"陈亢听了后很高兴地说:"问一得三:闻《诗》,闻《礼》,又闻君子之远其子也。"颜之推举出"陈亢喜闻君子之远其子"的故事,无非想说明父亲对儿子,要像孔子那样,讲的都是学《诗》、学《礼》之类,关乎一个人安身立命的大事,而非枝节小事。

在处理父子关系中,颜之推特别提醒,对爱不可施之不均。家庭中如有兄弟,"有偏宠者,虽欲以厚之,更所以祸之"。他以历史上的例子为证:刘邦很爱戚夫人所生之子赵王如意,引起吕后嫉妒,吕后终将如意杀死;刘表因爱小儿子刘琮,长子刘琦不安,终将荆州地盘全丢;袁绍有三个儿子,袁绍死,三子相互不让,终为曹操所灭。颜之推称这是"灵龟明鉴",应引以为戒。

儒家观念中,一个家庭里的夫妇、父子、兄弟关系称"三伦"。如何处理兄弟间关系,是家庭教育中重要的一环。

颜之推说:"兄弟者,分形连气之人也,方其幼也,父母左提右挈,前襟后裾,食则同案,衣则传服,学则连业,游则共方,虽有悖乱之人,不能不相爱也。"但长大以后,由于种种原因,关系会疏远,兄弟关系疏远的后果是严重的，"兄弟不睦，则子侄不爱；子侄不爱，则群从疏薄；群从疏薄，则僮仆为雠敌矣"。颜之推的话，不能脱离封建宗法制的大背景，也不能脱离南北朝世家大族常聚族而居的小环境。大世族们正因为兄弟连气，子侄成群，宾客、部曲、僮仆遍布山林海角而形成庞大势力。如果离开了这个环境，那么陌生人也会欺负到头上，颜之推不得不深有感慨地说："人或交天下之士，皆有欢爱，而失敬于兄者，何其能多而不能少也；人或将数万之师，得其死力，而失恩于弟者，何其能疏而不能亲也！"既能交天下之士，又能率数万之师，为何独不能与自己的兄弟相亲相爱呢？

母子伦理

　　母亲必然疼爱自己的儿子，儿子也必然尊重自己的母亲，这种母子关系不是颜之推关心的重点，他的重点是一种特殊的母子关系：后母与儿子的关系。南北朝时，后母"惨虐孤遗，离间骨肉，伤心断肠者，何可胜数"，引起了颜之推的关注。特别在北朝，因其风俗，男子丧妻，必须重娶，至于三四，有时母亲年纪比儿子还小，这就引起了社会问题，男主人去世后，"辞讼盈公门，谤辱彰道路，子诬母为妾，弟黜兄为佣，播扬先人之辞迹，暴露祖考之长短，以求直己者，往往而有"。颜之推认为此风蔓延，还有孝道可讲吗？这是社会最大的悲哀。

　　为此，他举了两个例子：一个是自己亲戚家，男主人再娶后，两个儿子，每拜见后母就呜咽不止，后母受不了，回了娘家。另一个则是东汉著名孝子薛包的故事：包父娶后母后，薛包分家出去另过，薛包每天仍在父亲那里洒扫庭除。父亲发现后，将他赶了出去，薛包仍晨昏不废地去向父亲、后母请安。父亲、后母去世，他与后母所生弟弟分家,"奴婢引其老者""田庐取其荒顿者""器物取其朽败者"。弟弟破了产,薛包不时赈济。薛包的德行后得到朝廷表彰。颜之推所举二例,无非突出一个"孝"字,是儿子的孝顺感动了父亲、后母,也感动了社会。在处理儿子与后母关系上,颜之推并没有提供新的可行之策。

颜之推的家庭教育理论特别重视人伦。他说:"夫有人民而后有夫妇,有夫妇而后有父子,有父子而后有兄弟:一家之亲,此三而已矣。自兹以往,至于九族,皆本于三亲焉,故于人伦为重者也,不可不笃。""人伦为重"道出了颜之推家庭教育的出发点和归宿。那么家庭教育最终要达到什么境界呢?那便是:父慈子孝,兄友弟恭,夫义妇顺。反之,"父不慈则子不孝,兄不友则弟不恭,夫不义则妇不顺矣"。假若进而"夫慈而子逆,兄友而弟傲,夫义而妇陵,则天之凶民,乃刑戮之所摄,非训导之所移也"。若是后者,则不是普通的教育所能解决的了,只能归之"凶民"之列,是"刑戮"的对象了。

治家宽猛如治国

按照中国儒家"家国同构"的理念,家就是小的国,国就是大的家。颜之推说:"治家之宽猛,亦犹国焉。"家庭是一个人人生的起点,又是人生中途能避风雨的港湾。一个家庭是如何管理的,家风如何,必然影响一个人的成长。正如颜之推所说:"风化者,自上而行于下者也,自先而施于后者也。"家庭的治理,家长的表现极为重要,要起表率带头作用,也就是身教重于言教。

在家庭治理中,颜之推不主张过于宽大,所谓"笞怒废于家,则竖子之过立见;刑罚不中,则民无所措手足"。对于家财则主张"施而不奢，俭而不吝"，崇尚俭朴，但绝不吝啬。如遇到"亲友之迫危难"时，"家财己力，当无所吝"。重义轻财本是中华美德，他认为在治家中尤须留意，他特别看不起社会上那些口中讲"宽仁"，行为上却"狎侮宾客，侵耗乡党"的人，认为这种人是"巨蠹"。

在治家观念中，颜之推有一些主张相当进步。

他反对抛弃女婴的恶习。"世人多不举女，贼行骨肉，岂当如此，而望福于天乎？"老天爷都不会赐福于这些弃女婴者。

他反对婚姻中的买卖现象。"近世嫁娶，遂有卖女纳财，买妇输绢，比量父祖，计较锱铢，责多还少，市井无异"。

他反对家中请神弄鬼，认为这是"妖妄之费"。

但是颜之推却反对妇女干预政事，认为妇女应该在家中老老实实做好家务："妇主中馈，惟事酒食衣服之礼耳，国不可使预政，家不可使干蛊；如有聪明才智，识达古今，正当辅佐君子，助其不足，必无牝鸡晨鸣，以致祸也。"反映了颜之推轻视妇女的一面。

《颜氏家训》将《教子》《兄弟》《后娶》《治家》诸篇置于整本书前列，这是颜之推注重家庭教育的体现。我们常说，人的教育是从家庭教育开始的，然后才有学校教育、社会教育，颜之推的认识是符合这一规律的。而人的品德形成更与家庭环境有关，在一个父子、母子、兄弟相亲相爱的和谐环境中成长的青少年，必然在道德、修养上优于在不和谐家庭中成长的青少年。从这个角度看，颜之推注重家庭教育，强调"人伦为重"的教育理念，在今天仍有其积极意义。

2. 道德教育

教育学是一门如何培养人的学问。而要培养人,第一要义便是培养什么样的人,道德教育便自然提上日程。《颜氏家训》虽没有专设道德教育的专篇,但却贯穿全书。

"礼为教本"

颜之推最引以为傲的是他家"世以儒雅为业""世善《周官》《左氏》学",他本人就是这一传统的继承人。中国封建社会的儒家最重视的就是礼,礼是处理人与社会、人与人之间关系的道德标准,同时也是社会行为的法则、规范。颜之推将礼看得很高,认为"圣人之教:箕帚匕箸,咳唾唯诺,执烛沃盥,皆有节文,亦为至矣"。按《礼记》所记,如何在长者面前扫地,如何摆放碗筷,在长者面前不能随意打哈欠、咳嗽,乃至如何执烛,如何为长者奉水盥洗,都有一定规矩。不过颜之推也认为世传的《礼经》已经残缺,世事又多变故,后代的达人君子已作了变通,形成了近日的"士大夫风操"。可见颜之推目中的"士大夫风操"并不完全是旧礼仪、旧仪规的翻版。

《颜氏家训》中这种例子很多。如按《礼记》规定,"见似目瞿,闻名心瞿",瞿即惧,意即看到先人用过的东西要伤心,听到先人的名字也要伤心,这本是常情。但后来发展到,凡是父母生前用的东西一概不能用,那么父母用过的日常杂物,难道也要一概销毁吗?为避免听见、看见先辈的名字,当时社会流行避讳。梁朝有个士大夫梁举,一听见故去父亲的名字便痛哭,为世间人所讥笑;另有一个叫臧逢世的建昌地方官,父亲叫臧严,老百姓送来公文,称冬季严寒,这位地方官也痛哭,乃至耽误了公务,这种避讳显然不值得提倡。

当时的避讳,已达非常可笑的地步,不仅字同要避,音同也要避。扬州一士人姓审,他有一朋友姓沈,沈姓朋友给审某写信,竟然"名而不姓",颜之推说:"此非人情也。"还有的人父亲被刑,家中不能用刀切菜,"惟以掐摘供厨";另一人母亲被烧死,"终身不忍噉炙",凡烧烤类食物,一概不能上桌。颜之推说了一句很得体的话:"礼缘人情,恩由义断,亲以噎死,亦当不可绝食也。"如果父母是噎死的,难道就要绝食吗?显然是不对的。

颜之推一生由南而北,对南北两地风土人情比较了解,南北不同风情中,有很多涉及"礼"。

如:"南人宾至不迎,相见捧而不揖,送客下席而已;北人迎送至门,相见则揖,皆古之道也,吾善其迎揖。"显然他是同意北方礼仪的。

又如:"别易会难,古人所重,江南饯送,下泣言离……北国风俗,不屑此事,岐路言离,欢笑分首。"颜之推认为各人情况不同,有的人就不爱哭,"肠虽欲绝,目犹烂然",对这些人,就不必强求一致。

再如:"江南丧哭,时有哀诉之言耳;山东重丧,则呼苍天。"这也是因地域不同而在礼仪上的差异。

石雕：负米养亲
北京白云观二十四孝图之一。描述的是孔子的学生子路尽孝心侍奉双亲的故事

颜之推虽主"礼为教之本"，但也认为应当根据地域习惯、个人秉性作灵活处理，不必一味斤斤计较是否符合古礼，更反对因守礼法，做出不近人情的事。

颜之推强调"礼为教之本"，具体应体现在哪些方面？结合实际，他提出了以下6个方面：

（1）要养亲。要学习"古人之先意承颜，怡声下气，不惮勤劳，以致甘腴"。对待父母及前辈亲人一定要态度和蔼，不怕辛苦地服侍他们，设法用最好的食物供养他们。

（2）要事君。做到"守职无侵，见危授命。不忘诚谏，以利社稷"。忠于君上，不能贪渎，君上有危难时要挺身而出，君上有错误不忘记进行劝谏，一切行为要有利于国家。

（3）勿骄奢。要"恭俭节用，卑以自牧，礼为教本，敬者身基，瞿然自失，敛容抑志"。一切行为要低调，恭敬对人，俭朴对己，收敛起不该有的音容笑貌。

（4）勿鄙吝。要"贵义轻财，少私寡欲，忌盈恶满，赒穷恤匮……积而能散也"。以义为重，财为轻，少一点私欲，少积累私财，注意周济穷人，知道积累和散去财富的道理。

（5）勿暴悍。要"小心黜己，齿弊舌存，含垢藏疾，尊贤容众"。多贬抑自己，懂得刚硬的东西易破坏，柔软的东西才能保存的道理，更要注意环境恶劣，山林中会藏危险，国君也有恶垢的日子，尊重贤者，容纳更多不同意见。

（6）勿怯懦。要"达生委命，强毅正直，立言必信，求福不回，勃然奋励，不可恐慑"。看待生命要达观，做人要正直，出言必信，做事不回头，勇敢奋发，毫不恐惧。

颜之推上举数例，基本概括了"礼为教之本"的各方面表现。他认为当时的读书人，"但能言之，不能行之，忠孝无闻，仁义不足"。礼的实践，就应该体现在一个人能否践行忠、孝、仁、义等方面。

颜之推对忠、孝、仁、义很重视，他说："为善则预，为恶则去，不欲党人非义之事也。"他希望全社会都要"诚（忠）孝在心，仁惠为本"，对于那些"不识仁义"的人，"慎不可与为邻，何况交结乎，避之哉！"对待这种人，连做邻居都要慎重考虑，千万不能交为朋友。

做实事不尚虚名

颜之推对南北朝世族士大夫中，因慕虚名而不求实务，最终辱身、败家、丧国的教训，有深切体会。他一再教育后代，"不徒高谈虚论"，"贵能有益于物耳"。

颜之推分析，当时国家需要的务实人才有以下六个方面：一是朝廷之臣,"取其鉴达治体,经纶博雅";二是文史之臣,"取其著述宪章,不忘前古";三是军旅之臣,"取其断决有谋,强干习事";四是藩屏之臣,"取其明练风俗,清白爱民";五是使命之臣,"取其识变从宜,不辱君命";六是兴造之臣,"取其程功节费,开略有术"。要符合上述要求,则须"勤学守行",勤于学习,严格要求自己,遵从职业操行。以上六方面的人才,都是"应世经务"的实用型人才。

为什么当时培养不出有用之才呢?颜之推多方面进行总结。第一,是东晋南北朝以来"优待世族"的制度,造成他们平地而致公卿,根本不用花力气去学习,更不必去处理实务。第二,当时的学风,鼓励士大夫"空守章句,但诵师言,施之世务,殆无一可",以至"断一条讼,不必得其理;宰户千县,不必理其民;问其造屋,不必知楣横而梲竖也;问其为田,不必知稷早而黍迟也"。第三,过于优闲的生活,让他们"吟啸谈谑,讽咏词赋,事既优闲,材增迂诞,军国经纶,略无施用",针对以上弊病,颜之推要求后代:"欲知稼穑之艰难,斯盖贵谷务本之道也。""安可轻农事而贵末业者?"不能过太悠闲的生活,记住南朝士大夫"治官则不了,营家则不办"的教训。

在士大夫中,还有一种沽名钓誉的伪劣作风,颜之推也深为不满。当时有一谚语叫"上士忘名,中士立名,下士窃名"。道德高尚者为上士,其作为名副其实,用不着求名;一般的中士要努力修身慎行,称"立名";最不堪的下士,"原貌深奸,干浮华之虚称",其"窃名"手段,达到"左右童稚不能掩之"的地步。颜之推举一例,说一贵人以孝著称,在办丧过程中用巴豆涂脸,烂成了疮,表示自己整日哭泣所致;后被揭穿,成了"伪丧"。此人后来再讲什么、做什么,人家都不再相信他了,这是"贪名不已故也"。颜之推总结此事,认为做人"巧伪不如拙诚""人之虚实真伪在乎心,无不见乎迹"。他教导后人,一定要做老实人，不要"清名登而金贝入，信誉显而然诺亏"，贪图富贵，忘记自己答应过的事，早晚要被别人揭穿，那么一世清名也付之东流。

父祖有了清名美誉，子孙如何看待？颜之推认为："祖考之嘉名美誉，亦子孙之冕服墙宇也，自古及今，获得庇荫者亦众矣。"但切不可躺在父祖"嘉名美誉"功劳簿上，因为"修善立名"就像种果树一样，要一代一代经营，如果认为不需要自己经营，就能与祖先一样，"魂爽俱升，松柏偕茂者，惑矣哉"，是值得怀疑的。这种事例，确如颜之推所说的是"自古及今"的常见现象，他的见解也值得今人深思。

在处理名实问题上，颜之推曾有过教训，在教育后代时，也显得心情沉重。《名实》中有句名言："至诚之言，人未能信；至洁之行，物或致疑。"用今天通俗的话便是：掏心窝子的话，说了别人未必能信，无上高洁的行为往往招致别人怀疑。颜之推说，"吾每为人所毁，常以此自责"。这是需加小心的。

处世之道

如何在凶险的社会上既不致"陷身灭族"，避免灾难，又能保持自家门风，使家业传下去，颜之推为后世设计的处世之道就是知足，亦即中庸。

首先要有知足观念。他引《礼记·曲礼》中一句话作立论根据："欲不可纵，志不可满。"只有"少欲知足，为立涯限尔"，一个人要为自己设立个界限。为此，他引自己九世祖颜含的话告诫子孙："汝家书生门户，世无富贵，自今仕宦不可过二千石，婚姻勿贪势家。"颜含的话可说是抓住了维持世族士大夫门第的两个重要条件：一宦，一婚。以至颜之推说颜含的话，"吾终身服膺，以为名言也"。

程公许正色却重金

出自《瑞世良英》卷二《廉吏》。南宋程公许为施州通判,为官清政,深得百姓爱戴。当时正值诸将乘乱抄劫,以贿赂勾结幕府。大将和彦威怀金宝献上,程公许正色拒绝,和彦威惭愧而退。程公许生活俭朴,没有贵重物品和积蓄。程公许官至刑部尚书,直至终老

颜之推对颜含的话又作了进一步引申，他的"涯限"是："二十口之家，奴婢盛多，不可出二十人，良田十顷，堂室才蔽风雨，车马仅代杖策，蓄财数万，以拟吉凶急速。不啻此者，以义散之；不至此者，勿非道求之。"奴婢不要超过20人，田地10顷，房屋可遮风雨便可，车马只作代步，积蓄财富以10万为限，超过了，就散发给亲朋，不够此数，也不要采取不正当手段获得。他还说做官只要处于"中品"，"前望五十人，后顾五十人"，如高于此，"便当罢官，偃仰私庭"，即辞职回家，悠游于自家庭院。为什么这样？因为南北朝时政权交替频繁，如果"缴幸富贵，旦执机权，夜填坑谷"的现象比比皆是。这一客观现实，让他不得不再三向子孙发出"要谨慎小心啊"的忠告。

颜之推历仕四朝的经历，使他还总结出在政务场合"无多言""无多事"的经验。他借用古代"金人三缄其口"的故事，说明"无多言，多言多败，无多事，多事多患"的处世法则。

多言、多事，从人的发展言，会影响人的专一发展。什么都要懂，却达不到专精执一的水平。严重的如严助、朱买臣、吾丘寿王、主父偃等人却因献书献计，而遭不测之诛，这就是多言招的祸。根据上述历史教训，颜之推要后代"守道崇德，蓄价待时"，千万不要"不顾羞惭""躁竞得官"。他特别瞧不起北齐末年士大夫"多以财货托附外家，喧动女谒"，即以女人出面，到处送礼，为丈夫、儿子求官的卑劣行径。他说，子孙不走这条路，即使不能通达，我也不会怪罪你们。

颜之推要子孙知足或"止足"，要安天由命，甚至为自己设立"涯限"，都是"无过无不及"的中庸之道。这一处世方法的确立，与南北朝时政治环境以及颜之推本人的遭遇有关；但颜之推的中庸之道，并非那种无是无非，只求本家族和本人平安的苟且偷生之道。在具体事件处理上，他还是有原则的。《省事》篇中，他以"穷鸟入怀""死士归我"为例,说明遇到类似的事,他会挺身而出,"以此得罪,甘心瞑目",亲友危难也应不吝家财己力,一切还"当以仁义为节文尔"。儒家的仁、义还是他考虑问题的出发点。

友朋之道

颜之推很重视对教育环境的选择,其中的友朋之道尤可赞赏。他说:"人在少年,神情未定,所与款狎,熏渍陶染,言笑举动,无心于学,潜移默化,自然似之;何况操履艺能,较明习者也?是以与善人居,如入芝兰之室,久而自芳也;与恶人居,如入鲍鱼之肆,久而自臭也。墨子悲于染丝,是之谓矣。"少年时性格还未确定,这时最易受环境影响,环境影响中,友朋交往是关键。"入芝兰之室,久而自芳;入鲍鱼之肆,久而自臭",这个来自《孔子家语》中的话,道出了友朋对成长中的青少年有不可替代的作用。颜之推将其概括成一句话,"君子必慎交游焉"。

在友朋选择上,有一个古今共同的误区,那便是"贵耳贱目,重遥轻近"。以今天俗语说便是远香近臭,只相信人们口头上的传言,忽视自己亲闻目见。周边的人,即使有高尚的品格,也不加礼敬;至于"他乡异县,微借风声,延颈企踵,甚于饥渴"。颜之推用春秋战国时的故事来说明这个道理,那时鲁国人并不尊重孔子,称他为"东家丘";虞国的宫之奇早就看出晋国"假虞灭虢"之策,向虞侯提出警告,虞侯因宫之奇是本国熟人,并不在意,最后虞国被晋所灭。

对周围的朋友,如有一言一行可取,你采纳了他的意见,尽管这个人地位不如你,你也要归功于他,切不可窃人之美。"窃人之财,刑辟之所处,窃人之美,鬼神之所责。"周围有长处的人很多,梁元帝时有个人叫丁觇,不过洪亭一庶民,但书法很好,元帝军府只拿他当个书记员看待,世族子弟没有一个愿跟他学书法;后被某著名文士发现,极称赞其书法,才有了名气。丁觇死于扬州,原先轻视他的人,连他的一张纸也不可得了。

周围有贤德的人很多。如南朝梁朝,侯景攻下建康后,只有台城未下。台城内有百姓4万人,朝官百人,都恃羊侃一人组织抵抗达百余天,羊侃死,台城才被攻下;北齐文宣帝沉湎纵欲,朝中已无纲纪,但因委政于尚书令杨愔,杨很有才干,竟将国家治理得"朝野宴如",

颜回
颜回(前521~前490年),字子渊,春秋时期鲁国人,孔子弟子,七十二贤之首

孝昭帝上台,杀杨愔,北齐从此衰落;北齐末年大将斛律明月,是个能折冲朝政的重臣,但无罪被诛,将士解体,才使北周有吞齐之心。这些"国之存亡"系其生死的大臣,毫无疑问都是贤臣。颜之推举出上述事例,无非说明无论国家、个人都要尊贤、慕贤,任用有贤德的人,使他们有充分发挥才干的机会。

颜之推以自己的切身感受说明这个道理:"吾生于乱世,长成戎马,流离播越,闻见已多;所值名贤,未尝不心醉神迷向慕之也。"他告诉后代,正如孔子所说,"无友不如己者",我的朋友中,没有一个是不如自己的,都有值得我学习的地方。像颜回、闵子骞这样贤德之人,哪里能常常遇到?"但优于我,便足贵之"。朋友中只要他的优点超过我,便足以珍贵了。

颜之推提倡"礼为教之本",鼓吹儒家的忠、孝、仁、义,反对浮华世风，提倡务实，要子孙明哲保身，恪守中庸之道，乃至倡导"慕贤"的友朋之道，无不有时代的烙印；但他所倡导的某些思想、细节，反对的某些世风，却是他一生的感悟，道出了人生的经验和智慧，还是值得我们今人汲取和借鉴的。

3. 学习的目的与方法

学习从来是中外教育学的重要篇章。学习为了什么，如何才能达到最好的学习效果，站在世族地主立场上，颜之推作了回答。虽然学习的目的古今有别，但《家训》所称道的"行道利世"及在学习方法上对某些经验的总结，对今天也有启示作用。

学习是为了"行道利世"

在颜之推看来，要保持诗礼传家的世族传统，必须要学习，而且要勤学，他特写了《勉学》一篇，一开篇便称：对于勤学，经史上说得尽管够多，但我仍要郑重地交代你们，"以启寤汝耳"。

他说，士大夫子弟，数岁以上，莫不学习，多的或达到读《礼经》《春秋三传》的程度，少的也要学到《诗经》《论语》。到了成年、结婚，身体与性格稳定以后，便"倍须训诱"。有志向上的，通过磨砺，可以从事清高的职业；不能自我树立的，懒惰、散漫下去，只能成为凡夫俗子。能否勤学是人生转变的关键。

那么读书学习究竟是为了什么？仅仅是为了从事高尚职业吗？颜之推进一步向后世打开了另一思路："夫读书学问，本欲开心明目，利于行耳。"读书能打开心智，扩展视野，行动、做事才有方向。他进一步说："古之学者为人，行道以利世也，今之学者为己，修身以求进也。"古人学习是为了履行儒家救世之道，利于世事，今人学习是为修身而求晋升之阶。很显然，颜之推很推崇古人的学习目的。他以种树作比方，学习和写文章一样是"春华"，而行道利世才是最终的"秋实"。

颜之推强调应学习古人是有深意的，"今人"实指南北朝世族士大夫，其中谋求晋升之阶者还算好的，最不堪的是他们中有人"耻涉农商，差务工伎，射则不能穿札，笔则才记姓名，饱食醉酒，忽忽无事，以此销日，以此终年"。他不得不回忆起他亲身的经历：

……自荒乱以来，诸见俘虏，虽百世小人，知读《论语》《孝经》者尚为人师；虽千载冠冕，不晓书记者，莫不耕田养马。以此观之，安可不自勉耶？若能常保数百卷书，千载不为小人也。

……父兄不可常依，乡国不可常保，一旦流离，无人庇荫，当求诸身耳。谚曰："积财千万，不如薄技在身。"技之易学而可贵者，无过读书也。

还有，读书即使不能"增益德行，敦历风俗，犹为一艺，得以自食"，至少在战乱中还可有碗饭吃，颜之推说来沉痛，却符合当时实情。

南北朝时还出现另一种情况，一些没有文化的武将，他们"强弩长戟，诛罪安民，以取公侯"，还有一些出身寒门的小吏，他们也没有什么学问，凭着自身的干练，"匡时富国，以取卿相"；却有不少"学备古今,才兼文武"的士大夫穷困潦倒。有人就此现象反问颜之推:"安足贵学乎?"意即还谈什么学习的重要呢?这个问题的提出,颇类似一种"读书无用"论。

颜之推进行了驳斥。他首先以天命论说明人的穷达是由上天决定的,"不待以有学之贫贱,比之无学之富贵也"。其次,以人数多寡,说明那批将帅、吏员,大部分都死了,活下来得到成功的是极少数;而士大夫坚持"吟道咏德"辛辛苦苦的人是少数,大多数是混日子的人,这同样不可同日而语。第三,成功的将帅、文吏,人们常称其不学,其实这批人都具有杰出才干,"虽未读书,吾亦谓之学矣",那些称其不学的人等于蒙起被子睡觉。颜之推的批驳是有一定道理的,特别是第三点,是他主张学习是为了行道利世,应懂实务而不尚空谈的再次宣传。

流行于世的道家、玄学应如何对待,颜之推表现了一种宽容态度。他认为老、庄之书,"盖全真养性,不肯以物累己""清谈雅论,剖玄析微,宾主往复,娱心悦耳",确有可取之处,但"非济世成俗之要也",不是"修身利行"的学问,所以他本人"亦所不好"。

为了"行道利世",学习就不能浅尝辄止。颜之推举出世人在学习上存在误区:有人学会跨马披甲,就说"我能为将",不知为将之道,要懂天文、地利,比量逆顺关系;有人学会承上接下,积财聚谷,就说"我能为相",不知为相之道,要懂得移风易俗,举荐贤臣;有人能够公事夙办,便说"我能治民",不知御众之道,颁行德政,以德化民之术……这都是学问不能深入下去之过。颜之推认为不只是为将、为相、治民有学问,即使"农商工贾,厮役奴隶、钓鱼屠肉、贩牛牧羊"者中,都有先进者,他们都可当老师,"博学求之,无不利于事也"。颜之推由学习应当深入,永无止境,进而认为农商工贾中都有学问，一般庶民百姓、百工奴隶都可为"师表"的观念，打破了传统的师道尊严，有进步意义。

学习不能自大。颜之推说："夫学者所以求益耳。"有人读了数十卷书，便自高自大，"凌忽长者，轻慢同列"，像恶鸟一样令人讨厌，颜之推认为这种人是"以学自损，不如无学也"。

苏秦

苏秦，战国时期著名的纵横家

勤奋与切磋

颜之推极为推崇勤学之人，《家训》中特地表彰了历代勤学、苦学的事例。

战国时苏秦读书欲睡，引锥自刺其股；汉代文党下决心求学，投斧挂于树上；孙康家贫，映雪读书；晋代车武子，夏日以囊盛萤火虫读书；汉时倪宽、魏时常林带经锄地，不忘读书；汉时路舒温牧羊时用蒲草编为简册书写；等等。颜之推认为他们都是"勤笃"的人。

他又举近世的例子：梁朝彭城刘绮，家贫灯烛难办，使用荻草折断代烛夜读；义阳朱詹，家贫无资，累日不炊，吞纸实腹，寒夜抱犬而卧，犹不废业；东莞臧逢世，欲读班固《汉书》，无纸可抄，乃乞得别人书翰的"纸末"，手写一本。颜之推认为"此乃不可为之事，亦是勤学之一人"，特提出作后人表率。

颜之推还举出了地位低下的人不忘勤学的事迹。

北齐有个叫田敬宣的宦官，十四五岁时便知好学，"怀袖握书，朝夕讽诵"，尽管"所居卑末，使役辛苦"，还抽空隙匆匆请教别人。

时颜之推在文林馆任职,亲见田敬宣"气喘汗流,问书之外,不暇他语",田敬宣还特别喜爱读古人节义之事。北齐后主被北周军打败,逃至青州,派田敬宣西出窥探动静,被北周军抓住,问后主下落,严刑拷打下,"辞死愈厉,竟断四体而卒"。颜之推感叹地说:"蛮夷童丱,诚能以学成忠,齐之将相,比敬宣之奴不若也。"

学习因对象、内容不同及学习者本人资质不同而有差异,产生"学问有利钝,文章有巧拙"之分。但颜之推认为只要勤学、肯下功夫,学问就能从生疏到娴熟,所谓"钝学累功,不妨精熟"。

学习上除个人勤奋之外,学习方法也不能不讲求。颜之推特地提出了切磋之法。切磋的来源是《尚书·仲虺之诰》中讲的"好问则裕",《礼记·学记》中讲的"独学而无友,则孤陋而寡闻"。切磋亦是颜之推本人的学习经验,因为闭门读书,不免孤陋寡闻,一到稠人广众之下,才发现原来学习中谬误差失很多。

颜之推举出很多例子说明友朋之间切磋的重要。

例一:《穀梁传》称公子友与莒挐相搏,左右呼"孟劳","孟劳"是宝刀名。北齐有一名士姜仲岳称"孟劳"为人名,是公子手下一个多力之人,为国所宝。姜仲岳与颜之推苦争,后由一位硕儒邢峙出面,证实颜之推是正确的。

例二:一本古书《三辅决录》云:"灵帝殿柱题曰:'堂堂乎张,京兆田郎。'"这本是引《论语》的话,指的就是京兆人田凤。时一位才士偏解释为"时张京兆及田郎两人皆堂堂耳"。听见此说,颜之推大为惊讶。

例三:江南一位权贵,读左思《蜀都赋》注,解"蹲鸱,芋也"。"芋"与"羊"字篆文相似,这位贵人便以为是羊。后有人馈赠羊肉,答书竟云"损惠蹲鸱",举朝惊骇。

此类例子，颜之推举出很多，至于为什么朝中权贵甚至名人、名士都犯了错？颜之推的判断是"孤陋"造成的，假若很早有人在旁"切磋"，就不会闹出笑话。

不过进行切磋，也须有良好的学术环境和条件。颜之推指出江南与山东风习不同，江南可相互切磋，山东就不行。"江南文制，欲人弹射，知有病累，随即改之，陈王得之于丁廙也。山东风俗，不通击难。吾初入邺，遂尝以此忤人，至今为悔；汝曹必无轻议也。"这里说的"弹射""击难"也是一种切磋，不过比切磋要更直接一些，实质是指摘、批评。江南文士写文章欢迎别人批评，就像当年丁廙欢迎曹植常给他的文章提意见一样；而邺下风俗就不如此，这里文人是不喜欢别人提意见的。颜之推起先不知这一习俗，差点得罪人。所以他希望后代一定要汲取他的教训，不要轻易地批评、议论别人的文章。

"眼学"与"耳受"

颜之推说："谈说制文，援引古昔，必须眼学，勿信耳受。"这又是很值得提倡的学习方法。自然，颜之推主要是从"制文"即写文章角度记述的，但"必须眼学，勿信耳受"的原则是可以广泛推及其他领域的。

颜之推的意见也是因当时南朝士大夫学风不正引起的。这种学风正如颜氏所言："江南闾里间，士大夫或不学问，羞为鄙朴，道听途说，强事饰辞。"

"道听途说，强事饰辞"主要体现在以下三方面：

一是生造一些谁也不懂的典故。

《左传》隐公二年记载"周郑交质"一事，南朝士大夫便称征质为"周郑"。霍乱本是夏日传染病，汉代有霍光其人，封为博陆侯，于是便称霍乱为"博陆"。荆州与陕西毫无关系，只是历史上陕西的来由是西周时周公主陕东、召公主陕西（以河南陕县分界），此事类似南朝扬州、荆州同为重镇，各居东西，以至把荆州称为"陕西"，这一称呼流传很广。今存的《宋书》《陈书》《南史》《北史》都有此提法，显然与地理方位相差太远，如不知来历，读者如堕五里雾中，乃至王姓无不称"仲宣"，刘姓无不称"公干"。（王粲字仲宣，刘桢字公干，均为魏时名人）这种来历不明、含义不清的典故多达一二百个。不过颜氏所记当时人称食为"糊口"，称钱为"孔方"，流行至今，已相当普及，人人皆知其含义了。

二是诗文中，一位名家用了一个比喻，大家一窝蜂跟进，几乎不忍卒读。

名诗人谢朓写诗称"鹊起登吴台"，大家都觉得好，因诗中"鹊起"用了《庄子》典故，于是"吴台鹊"成了新典故，大家纷纷引用。有人写"望平地树如荠"，有人接过来用于诗中，称"长安树如荠"，"树如荠"又成为新典故，反复使用。

三是不懂古书中释义，将其含义完全搞反。

如古书上有"夸毗"，原意指人的身体很柔软，引申为谄媚之义；南朝士人却将矜诞（即矜持、傲慢）称为"夸毗"，意思完全相反。古书上称"富有春秋"，指年轻人，南朝士人却用之来指老年人。

颜之推举出的例子还不止这些，造成南朝士子这些错误的原因，颜之推认为是"皆耳食之过"。听到别人讲什么便学什么，从来不去翻翻古书，查查这些典故有何来历，名家的句子自己用得合适不合适，古人用语的真正含义是什么。

颜之推是熟读儒家典籍的，对中国古籍从字形、字义、音韵到所用典故由来都下过功夫，他是真正在用"眼学"而非"耳受"。

颜之推不只在学习上要人们"眼学"勿"耳受"，在选择朋友时也反对"贵耳贱目"，主张亲眼见过，实地考察，绝不听信传言。反映了他是注重自身实践的。俗话说：耳听是虚，眼见为实。这种脚踏实地的作风，今天也是值得提倡的。

诵读经典的方法

怎样读好书，特别是关于中国历史文化的古典经籍，颜之推以自己的读书经验，为我们提出了一条由弄通字形、字义、字音，到博闻，再到励行的路子。

他说："夫文字者，坟籍根本。"文字才是典籍根本，读典籍必从识字开始，所谓识字，并非那么简单，他认为，"世之学徒，多不晓字"，初学者为什么"不晓字"？他的解释是，当时"读《五经》者，是徐邈而非许慎；习赋诵者，信褚诠而忽吕忱；明《史记》者，专徐、邹而废篆籀；学《汉书》者，悦应、苏而略《苍》《雅》"。对上述引文须作些解释。《五经》即《诗》《书》《礼》《易》《春秋》的总称，晋代徐邈写过《五经音训》，但之前汉代许慎早作了《五经异义》，许慎之作在前。汉赋中，司马相如赋最有名，南朝褚诠为司马相如赋作注，"多皆改易义文，竞为音说"，比较而言，晋时吕忱的《字林》就比较好。《史记》有南朝徐广、邹诞之作注，"重在字义"，字形殊多失略，司马迁写《史记》时仍用小篆，不明白篆籀（籀指史籀，传为大篆发明者，小篆由大篆省改而来），如何能读懂《史记》？《汉书》亦是如此，应劭、苏林（东汉及三国魏时人）都曾为《汉书》作过注，但远不如《苍颉》《尔雅》。上面颜之推所提及的书，有的流传至今，

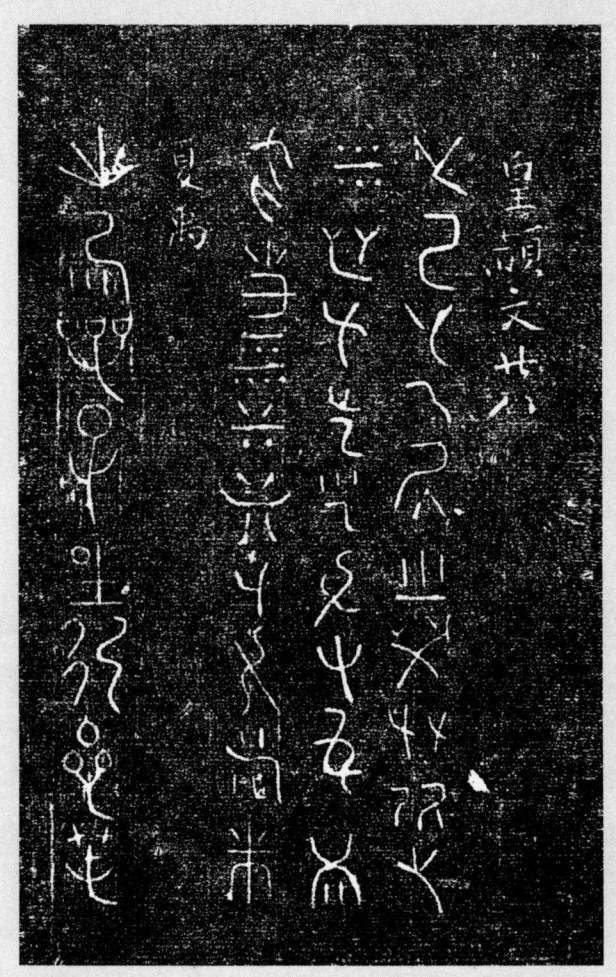

仓颉造字书法碑帖
河南汝州

有的已失传。但较其优劣，有两点可供参考：一从时间顺序言，时间越早的书越接近文字的原始形态；二从流传角度言，要流传有序的，被后世学者肯定的。颜之推为什么说当时初学者，多不晓字？就是他们一开始就把解读的参考书弄错了。

我们通常指文字学为"小学"，颜之推进一步说明："书音是其枝叶，小学乃其宗系。"这对字形、字音二者关系作了比较科学的解答，魏晋时已将形、音统称小学了。

在明了字形后，便要讲求字音，于是音韵学便产生了。关于颜之推在音韵学上的贡献，本书前面已做过介绍，此不赘述，但要提及的是，由于颜之推讲求音韵，所以他家的孩子无不懂得文字的读音，"吾家儿女，虽在孩稚，便渐督正之；一言讹替，以为己罪矣。云为品物，未考书记者，不敢辄名"。他家的小孩，从小读错了音，就会受到严厉的督正，就像犯了罪一样；一样东西，如果书上没有记载，不敢乱加称号。

文字、音韵上过了关，就应阅读古籍了。颜之推的要求是"博闻"，即涉猎要博，"郡国山川、官位族姓、衣服饮食、器皿制度，皆欲根寻，得其原本"。追根溯源，不弄清其意义，绝不罢休。"多知明达"，是其要求，途径便是"明《六经》之指，涉百家之书"。在颜之推看来，知识不仅要从书本上得来，日常生活、旅行出差均能获得知识。他看不上那些"俗间儒士，不涉群书，经纬之外，义疏而已"，只读时下流行的、解释经文的"义疏"。

颜之推提倡博闻，那是否只希望人们埋头读书不问世事呢？不是的，他还瞧不起另一种人，那就是"但能言之，不能行之"的人，他说读书是为了"开心明目，利于行"，学习是为了起而行之，即励行。

颜之推举出南朝例子，说南朝士大夫子弟，"皆以博涉为贵，不肯专儒"，此处"专儒"是指汉以前士大夫中，常有以"一经弘圣人之道"而致卿相的人。博本是好事，但要做到"兼通文史，不徒讲说"就是难事。南朝数代，据颜之推介绍也不过10人能够做到，北朝也只有崔浩、张伟、刘芳、邢子才4个人。以这四人为例，他们一方面懂经术，"亦以才博闻名"。据《魏书·崔浩传》记，崔浩不止学问好，还能参与"军国大谋"；刘芳《魏书》本传记其"特精经义"，做过散骑常侍，亦是能兼理朝政之人；邢子才，原名邢邵，为北齐著名学者，北齐朝中"吉凶礼仪，公私咨禀，质疑去惑，为世指南"。只有张伟没有在朝做官，但却有大批门生，"门人感其仁化，事之如父"。可见颜之推举出上述人物，无不肯定了他们的励行。他借用南北朝时九品中正用语，称他们为人中"上品"，其他文士与之相比，不过是"田野间人"，后一种人，他借用孔子的话来作评价："学也禄在其中矣。"不过是些在朝廷中追求俸禄的鄙士。

博闻也并非什么都学。他以儒家经典为例，"夫圣人之书，所以设教，但明练经文，粗通注义，常使言行有得"。在另一处，他便提出对儒学经典要"博览机要"，即掌握其中精华要义，"以济功业"，落实在自己的功业之上。如能做到学问好，功业上成就大，这叫"兼美"，后世如能做到"兼美"，颜之推便认为已没有什么可责备的了。

颜之推讲了一番道理，最终落实的还是在"行"上，即实践上，励行是读书、做学问的最终落脚点。

小知识◎小学

汉代称文字学为小学,南北朝时加上音韵,小学便成为"宗系",包括了文字与音韵。隋唐时,范围扩大,小学成为文字学、训诂学、音韵学的总称。

4. 理想人生的度过

颜之推的一生处于中国道家和玄学兴盛的年代,又处在佛学东传之后的第一个高峰期。他本不喜玄学,但受世风影响,也不绝对排斥玄学;对佛学则是信奉的,但更多场合是在调和儒释关系,并不以释贬儒。他在魏晋南北朝儒玄双修、儒释同道风气影响下,坚持以儒学为立身之本的同时,对玄学、佛教均取容纳态度。相对而言,玄、释两家中,他更倾向释,他说过:"归周、孔而背释宗,何其迷也。"不过这是就宗教信仰层次而言,在现实生活中,他谆谆告知子孙的还是"明《六经》之指,涉百家之书",以成就一番功业为要。他为后代提供的理想人生之途就是力图在功业(依靠儒家)、信仰(佛教)和养生(道家)之间取得平衡。

儒学是立身之本

打开《颜氏家训》,教导后人以儒家经典指导学习、生活之处,比比皆是;要后人效法尧、舜、禹、周公、孔子等圣贤的语句更充满篇章。《序致》一开篇就言:"夫圣贤之书,教人诚(忠)孝,慎言检迹，立身扬名，亦已备矣。"他今天所以"复为此者"，不敢像圣贤那样起什么"轨物范世"作用，不过是为了"整齐门内，提撕子孙"。这段话告诉我们，他写的《家训》，就要按历代儒家圣贤的教导，对子孙后代耳提面命。

除举圣贤故事而外，《家训》各篇几乎每篇必提儒家经典，即以《诗》《书》《礼》《易》《春秋》这些《五经》言，鲜少不提到。我本人做过一个不完全统计，凡在《家训》文字中，直接提及上述《五经》的地方大约为：提及《诗》的11次，提及《书》的3次，提及《礼》（含《礼经》《周礼》）的16次，提及《易》的4次，提及《春秋》（含《左传》）的11次。加上《论语》或直接称《五经》《六经》的更不知其数。还有的文字中虽没有明指《五经》中哪一经，但话语中一看便知是儒家经典中的话。《颜氏家训》本身便是以儒立论的，它教育后人，自然也是以儒立身的。

《颜氏家训》是家训一类古籍中被后人翻刻最多者之一。我们从历代翻刻者的序跋中，不难看出后世封建知识分子是如何看重《家训》的。

现存《家训》最早的刻本是南宋本，有沈揆的"跋"，他说："颜黄门学殊精博。此书虽辞质义直，然皆本之孝弟，推以事君上，处朋友乡党之间，其归要不悖《六经》而旁贯百氏。"

明嘉靖甲申傅太平刻本有张璧序，他说："乃北齐颜黄门《家训》，质而明，详而要，平而不诡。盖《序致》至终篇，罔不折衷今古，会理道焉，是可范矣……乃若是书之传，以禔身，以范俗，为今代人文风化之助，则不独颜氏一家之训乎尔！兹太平刻书之意也。"

清代嘉庆年间颜氏后人第三次翻刻《颜氏家训》有严邦城的《小引》说："《六经》之文……词深义远，义理蕴奥，必文人学士，目亲师友之讲论始能通之。若公之为训，则自乡党以至朝廷，与夫日用行习之地，莫不有至正之规，至中之矩，虽野人女子，走卒儿童，皆能诵其词而知其义也，是深之可为格致诚正之功者。"

清康熙、乾隆间著名理学大师朱轼虽不大同意颜之推对释、道两家取宽容态度，但还是刻印了自己的评点本，在《序》中称赞《家训》："于非礼勿视、听、言、动之义庶有合，可为后世训矣，岂惟颜氏宝之已哉。"

从上引宋、明、清各代有代表性的几种翻刻本的序跋中不难发现，历代封建文士最看中的还是"归要不悖《六经》"，能培养中规中矩，非礼勿视、听、言、动的儒学后继者。从正宗儒学角度评价《颜氏家训》，翻刻者们不仅热情高，所用赞美语言也无以复加，一位翻刻者竟这样说："《六经》子史，皆《家训》注脚也。"不说《家训》是《六经》注脚，反过来却说《六经》是《家训》的注脚。为抬高《颜氏家训》地位，已达到菲薄圣人、贬低《六经》的地步了。

应时而变的人生态度

以儒学为安身立命的基础，是颜之推及《颜氏家训》的基本思想倾向；但在基本思想确立之后，颜之推和《家训》却包含了对其他思想的宽容，对儒家基本条规的变通，这个应时而变的人生态度，与其说是一种人生智慧，毋宁说是颜之推矛盾人生的反映。

前面已作介绍，颜之推对佛、道两家极为宽容，尤其是对佛教。《归心》反映了他深信因果报应一说。后世正统儒家，一面欣赏《家训》坚持以儒学为立身之本的理念，却很不能容忍颜之推对佛、道的宽容态度。一些翻印本干脆删去《归心》《养生》，有的虽保留下来，却大加挞伐。如前举清代理学大师朱轼就说:"及览《养生》《归心》二篇,又怪二氏树吾道敌,方攻之不暇,而附会之,侍郎实忝厥祖,欲以垂训可乎?"认为佛、道两家是儒学敌人,儒家应鸣鼓而攻之,为何颜之推会附会佛、道二家说,真辜负了先儒先圣,这是绝不可为后世训的。

此外对儒学最尊崇的礼,颜之推也主张不必严格执行古训,应根据不同时间、不同地点甚至不同人的性格特点来履行并加以理解。

对颜之推这种虽出自"胸臆",但却与正统儒家有别的思路,后世某些细心读者还是读出来了。如宋代吕祖谦便说:"《颜氏家训》虽曰平易,然出于胸臆,故虽浅近,而其言有味,出于胸臆者,语意自别。"

颜之推教育后人应具有应时而变的处世态度,其历史依据便是南北朝这个时代太特殊了,而他本人的经历也太特殊了。关于时代特点,我们在"时代背景"中已作过分析;关于他本身的经历及思想上存在的矛盾,我们以能找到的材料作依据,再作点分析。

根据王利器先生《颜氏家训集解》增补本所收的附录《颜之推集辑佚》,刊载了《古意二首》。这两首诗中有这样的句子:"未获殉陵墓,独生良足耻,悯悯思旧都,恻恻怀君子。"又有"千刃安可舍,一段难复营。昔为时所重,今为时所轻"。从诗意看,大约写于江陵城破,颜之推被俘虏,到了北方后的日子。诗意至为明确,他怀念梁元帝,也怀念江陵时的生活,很悔恨当时没有为故国(梁朝)、故都(江陵)、故君(梁元帝)殉葬。"一段难复营",表示这一切都不可再复制了,所以留下了终身悔恨。结合他在《观我生赋》里出现的一句:"小臣耻其独死,实有愧于胡颜",益可证明他的悔恨之意。颜之推诗中的表白,透露出一个信息:按儒家要求,"为君谋而不忠乎?"

是对一个士人的起码要求，"君死臣殉"也是一个忠臣应做到的，而颜之推恰恰没有做到，这使他终身羞愧难言。尽管像颜之推一样的士大夫，当时很多，比他名气大的著名诗人庾信也写了一篇《哀江南赋》，表达的也是与颜之推一样的感情。正因为颜之推思想深处存在着一个解不开的死结，一个永远化不开的矛盾，所以我们说，他宣传应时而变的人生哲学，与其说是一种应付复杂政治环境的人生智慧，毋宁说是他面对艰难人生不得不作出的抉择。

应时而变的人生哲学，其积极意义也是很明显的。当君不成其君时，臣亦可不成其臣，明清之际的思想家黄宗羲、唐甄便发出过这样的呼声。吕祖谦说《家训》直出胸臆，"语意自别"所以"有味"，其"有味"处，很值得我们体味。

终身学习的习惯

人一生的学习时段，颜之推主张要从最好的时段开始，这也是他主张早教的原因。人过了这个时段，是否就无法补救了呢？不是的。颜之推说："然人有坎壈，失于盛年，犹当晚学，不可自弃。"他以孔子的话作证明，孔子说："五十以学《易》，可以无大过矣。"又以三国时曹操和袁遗的具体事例说明，此两人学习时间开始得早，但却至老不倦，坚持学习。曹操曾说："长大而能勤学，唯吾与袁伯业耳。"

在学习问题上，年龄从来不是问题。颜之推举了一系列古人的例子：曾子17岁求学，"名闻天下"；荀子50岁求学"犹为硕儒"；公孙弘40余岁才读《春秋》，"以此遂登相位"；朱云也是40岁才读《易经》《论语》；皇甫谧20岁，接受《孝经》《论语》；"皆成大儒"。颜之推举出上述例子说明，何时开始学习，并不影响日后的成就；有的人即使早年有所迷失，晚年才开始醒悟，一样能取得成功。"晚学"也是人生值得选择的道路。有的人才20多岁，开始学习便称"迟暮"，这是愚蠢的念头。在分析了上述事例后，颜之推总结出一句有名格言："幼儿学者，如日出之光；老而学者，如秉烛夜行。"都值得鼓励。

荀子

荀子（前313～前238年），名况，字卿，赵国（今山西安泽）人，战国时期思想家、教育家，儒家代表人物之一

颜之推自己便是活到老学到老的典范。幼年、青年时他的勤学自不必说了，在《勉学》篇中，留下了他与儿子颜思鲁的一段对话，很值得我们加以阅读。时间约在颜之推由北齐入北周后，朝廷对颜之推一家的生活还没有安排，以是很困难。

> 邺平之后，见徙入关。思鲁尝谓吾曰："朝无禄位，家无积财，当肆筋力，以申供养。每被课笃，勤劳经史，未知为子，可得安乎？"吾命之曰："子当以养为心，父当以学为教。使汝弃学徇财，丰吾衣食，食之安得甘？衣之安得暖？若务先王之道，绍家世之业，藜羹缊褐，我自欲之。"

这段话最重要的一句为"子当以养为心，父当以学为教"。此时颜之推大约已近50岁，颜思鲁已届成年，颜之推唯一的希望是做儿子的要有供养父亲之心，而当父亲的却要以自己的学问，包括将要学到的学问来教育下一代。颜之推念念不忘的仍是学习。他是终身服膺自己提出的"晚学"观的，也是坚持了终身学习的。

"虑祸"与对养生之道的讲求

"养生"本是魏晋南北朝时道家常谈论的一种学问，将之付诸实践，便成为养生术。颜之推并不排斥道家，更对玄学家们的清谈之风有一定兴趣。不过从动乱的社会和自身经历中，他体会到在养身之前还有更重要的，那就是"虑祸"。

从颜之推举出的例证可得知，人生的祸有两种：一种是不可预知原因造成的。如"单豹养于内而丧外，张毅养于外而丧内"。此例见于《庄子·达生篇》，讲的是单豹背世离俗，岩居谷饮，不食五谷，行年70而有童子之色，但不幸遇到饿虎，被虎所食；张毅遇到宫室廊庙必拜，见到人们聚集必下马，连厮徒马圉都与之行礼，但不幸因内热而死。他们的死亡，都出自不可预知的因素。另一种则是自己造成的。嵇康写过《养生论》，是懂得养生之道的，石崇"好服食咽气"，懂得服食养生方并善行吐纳之术，但一个"傲物受刑"，一个"贪溺取祸"。颜之推要人们"虑祸"，主要是关注后者。他特地举出了四种情况让后代留意：涉险畏之途，干祸难之事，贪欲以丧生，谗慝而致死。这四种情况与南北朝的历史与颜之推生平相勘合，四种情况下确实是易于发生祸害的。

在讲了一套人生容易发生祸事的场合后，颜之推话锋一转，又讲了一番"夫生不可不惜，不可苟惜"的道理。他说侯景之乱时，他亲见不少名臣贤士，为了求生，徒取其辱，实在太不值得了。

一方面他要后世"虑祸"，即有效避免灾祸降临，说明只有保存了生命，才谈得上养生，无生命的话，也就没有了养生。另一方面他又讲生命"不可苟惜"，为了忠孝仁义，可以献出生命。这种相互矛盾的提法，同时出现在一篇文章里，只能说明他确实在寻找平衡点，这个平衡点也是道家和儒家的平衡点。从世事儒业的颜之推而言，自然他更倾向儒家，不过能在儒家忠孝仁义同时出现了"全身得性"即保全生命的呼声，也是很可贵的。颜之推的《养生》篇，在中国思想、文化史上有意义的地方也在这里，它毕竟出现了难得的重视生命的曙光。后来正统儒家为什么不喜欢崇佛的《归心》，同时也不喜欢呼唤生命的《养生》，其原因便在于相比儒家冰冷的纲常教条，他们更不喜欢道家的生命关怀。

当时的道家，因养生的目的、方法有别而产生了不同流派。对之，颜之推作了介绍。

第一种是神仙家。他们修道的目的是当神仙。颜之推提出怀疑："神仙之事，未可全诬，但性命在天，或难钟值。"人的一生或许根本遇不到神仙；何况修道炼丹，是一件投资极大的事，一般贫士做不到；修成的比例听说也很少，"学如牛毛，成如麟角"，更多的修炼之士，在"华山之下，白骨如莽"。所以他"不愿汝曹专精于此"。

第二种是药饵法。颜之推认为此法可行，"不废世务也"，可以边服药，边做该做的事。他举二例，说明药饵法对养生有作用：一南朝庾肩吾，常服槐实，"年七十余，目看细字，鬓发犹黑"；另一邺中相士，"单服杏仁、枸杞、黄精、白术、车前得益者甚多"。不过有人学服松脂，因不节度，肠塞而死，这是"为药所误"，因此，服药"须精审，不可轻脱"。

第三种是健体法。他举一例，自己有齿病，"摇动欲落，饮食热冷，皆苦疼痛"，后从《抱朴子》中看到牢齿之法，"早朝叩齿三百下为良"，很有效。他认为"此辈小术，无损于事，亦可修也"。

三种方法中，第一种不可取，第二种部分可取，第三种才完全可取，颜之推最欣赏的养生术不过是中国传统的健身法。健身法保留于中国古籍中，是中国传统健身宝库中的精华，值得后人发掘。

颜之推对养生的注意，固然与他从不与道家持对立态度有关，也是因流行的道家养生术中的确有可吸取之处。他不惮其烦地向后代作分析介绍，也有希望后代通过"虑祸"、养生，保持一生平安和身体健康，传承颜氏家业门风。

小知识◎"五经""六经"

> 孔子整理儒家经典后，后世儒生将《诗经》《尚书》《礼记》《易经》《春秋》合称"五经"。"五经"加上《乐经》称"六经"。在今文和古文学派之间，有无《乐经》一书，曾有争议，今文学派说"乐本无经"，古文学派认为《乐经》原有，但在秦焚书后便失佚。后来收入《礼记》的《乐记》11篇，为西汉刘向校书时辑入的。

5. 艺术修养和对家族传统的固守

南北朝世族士大夫要在社会立足，除自身显贵的出身，大多靠文学起家。南朝颜氏，除颜之推外，东晋和刘宋间，还有他的五世族祖颜延之（384～456年），颜延之是陶渊明好友，他的诗名与谢灵运并称。颜之推亦能写诗，留传下来的《观我生赋》便是证明。不过颜之推最得意的是善写"典正"之文，《颜氏家训》即是"典正"之文。

古代，一个合格的贵族，要精通"六艺"（礼、乐、射、御、书、数），随着时代前进，"六艺"是有损益的。南北朝时，书法、绘画等便是新增的"艺"。对上述的"艺"要学什么，学到什么程度，颜之推都作了交代。

古代的"士"，最初专指武士，经过春秋、战国激烈的社会变动，士便成为文士的专称。"儒以文载道，武以侠乱世"，武士逐渐为儒家轻视，《颜氏家训》如实反映了对当时社会的看法。

学习写"典正"之文

古人在掌握了基本经典后便要开笔作文。为什么要作文？颜之推告诉后世：朝廷宪章，军旅誓诰，敷显仁义，发明功德，牧民建国，都要用文。学会了写文章，自然就进入了封建体制之内。

南北朝时流行的五种文体，一般文士都认为是来自《五经》，所谓"诏命策檄，生于《书》者也；序述论议，生于《易》者也；歌咏赋颂，生于《诗》者也；祭祀哀诔，生于《礼》者也；书奏箴铭，生于《春秋》者也"。《颜氏家训》这一看法与刘勰的《文心雕龙》基本一致。正因为有此看法，颜之推力主颜氏后人应学"典正"之文。

什么是"典正"之文？他告诉后世："吾家世文章，甚为典正，不从流俗，梁孝元在蕃邸时，撰《西府新文》，讫无一篇见录者，亦以不偶于世，无郑、卫之音故也。"所谓"典正"之文，就是"不从流俗"之文，"无郑、卫之音"之文。就像他父亲颜协的文章一样，一篇都不被梁元帝收录（梁元帝爱玄学），所以"典正"之文应当是严格按照儒家经典要求撰写之文。

南北朝时期是我国古代文学理论得到空前发展的时期。尽管颜之推要求后人作文时比较保守，但他的文学修养却比较高。如他认为要写好一篇文章，就要："文章当以理致为心肾，气调为筋骨，事义为皮肤，华丽为冠冕。"文章好坏的关键在"理致"即思想性，漂亮的词汇不过是外加的冠冕而已，就是一种很进步的文艺主张。又如他对当时文坛的弊病把握得也很准："趋末弃本，率多浮耗，辞与理竞，辞胜而理伏，事与才争，事繁而才损。"他很希望当时有人起来纠正这一时期的文风。他这番见解，就与《文心雕龙》所持看法相似。

颜之推再三告诫后人："自古文人多陷轻薄。"他列举了一张大名单，将因文章招祸的人全部列上，上起屈原、宋玉，下到魏晋玄学代表人物阮籍、嵇康；又列出列代有才华的君王，如曹操、曹丕、曹叡三代人，认为他们"非懿德之君也"。他列出的名单是否公正，可以讨论；但他说出的现象值得我们注意："文章之体，标举兴曾，发引性灵，使人

"竹林七贤"画像砖之嵇康画像
江苏南京西善桥

矜伐，故忍于持操，果于进取。今世文士，此患弥切，一事惬当，一句清巧，志凌千霄，自吟自赏，不觉更有旁人。"他的分析是有道理的，道出了文学创作中某些常见现象。如果一个作者，不能好好把持自己，冲动起来，很容易在得到一个恰当的比喻、一句清丽的诗句后，忘乎所以，旁若无人起来，其后果是不堪设想的。颜之推交代子孙"深宜防虑，以保元吉"。可见要写好"典正"之文，亦应做一个"典正"之人。

文人无行的事例很多。他举东汉末年陈琳为例，当在袁绍手下时，骂曹操为豺狼，到了曹营又骂袁绍为"蚍蜉"。虽是"在时君所命，不得自专"，亦是文人的伤痛。又如东汉末大才子扬雄，有人问他为何少有赋作，竟大言不惭地称，赋为雕虫小技，童子所为，壮夫不为也。王莽篡汉前，抓了一批人，牵连扬雄，扬雄竟吓得从天禄阁（校书之处）

自投而下，为长安童子所笑，扬雄的作为岂是一个堂堂正正的丈夫所为？

颜之推还交代了一般作文应注意的要点：

应明白自己是否有写文章的才华。"必乏天才，勿强操笔"。那种"自谓清华"并无才思的人作文，必然引起人们嘲弄，甚至起外号叫"訞痴符"（文拙而矜伐自鹜之意）。

开始作文，不妨"先谋亲友，得其评裁，知可施行，然后出手，慎勿师心自任，取笑旁人也"。

写文章犹如乘千里马，虽有俊逸之气，但应注意节制，像马上的衔勒一样，如果一味放纵，就会导致不测的后果。

古今文章相比较，各有长短。"宜以古之制裁为本，今之辞调为末，并须两存，不可偏弃也。"

写文章要像沈约讲的：典故要用别人懂得的，要用别人认识的字，要让人易诵读。沈约自己的文章，用典故常使人感觉不到，颜之推极叹服。此外文章中涉及的地理方位亦应注意，不要搞错；代人作文，其中哀伤凶祸之辞亦应注意；等等。

颜之推用整整一篇，专教后人作文，其含义是深刻的，因为文章不仅是世家大族立身扬名的需要，而且如颜之推所说，写文章可"陶冶性灵""入其滋味，亦乐事也"，是培养一个人全面发展的需要。因此他鼓励后代"行有余力，则可习之"。

多种才艺的学习与培养

作为具有文化修养的高级世族，颜之推重视对后代艺术素质的培植和多种才艺的养成。

置于第一的是书法艺术。

魏晋南北朝时期是我国书法艺术的高峰,此时书体由汉隶转向真体(即楷书),东晋王羲之、王献之父子的作品是楷书成熟的标志。他们的书法以尺牍、书疏居多,所谓"尺牍书疏,千里面目"。

颜之推对魏晋以来的书法源流极为清楚,他称"吾幼承门业,加性爱重,所见书法亦多,而玩习功夫颇至"。萧梁亡后,秘阁散逸,他见到的"二王真草多矣,家中尝得十卷"。通过收藏、玩赏、学习,他明白了南朝各书家之间的传承关系:陶隐居、阮研(曾任交州刺史,亦称阮交州)、萧子云(曾任国子祭酒,简称萧祭酒)诸人之书法,

《大观帖·王羲之书法》(拓本)
中国国家博物馆"古代中国"陈列展。《大观帖》是北宋官刻丛帖,因刻于徽宗大观三年(1109年)正月,世人遂称之为《大观帖》

《洛神赋图》

晋代顾恺之绘。《洛神赋图》在宋代摹本颇多，现共存三卷，但以此卷最为完整，代表了魏晋南北朝绘画的最高水平

二 《颜氏家训》——家训之祖 | 75

班超投笔从戎

出自马骀《马骀画宝》。颜之推并不赞成书生投笔从戎之事,认为文人从武,可能会比武人更可怕

莫不从王羲之书法演变而来。萧子云晚年有所变化,但变的还是王羲之少年时的笔法。他交代后代,"真草书迹微须留意",他自认书法并不太佳,是因为不能专心学习所致。同时也告诉后辈,"此艺不须过精,夫巧者劳而智者忧,常为人所役使,更觉为累"。

为了让后人理解他的苦心,他举了两个例子。一个是三国魏时大书法家韦诞(字仲将)的例子。韦诞善楷书,魏时宫观大多为韦题写。明帝建凌云阁,榜已钉上,忘了题字,乃将韦用笼吊上,距离地二十五丈,诞甚危惧,下来后据说鬓发皆白,诞后告子孙,"宜绝书法"。另一个是晋时王褒的例子,王褒出身世家,他因善书法,皇帝、勋贵常叫王褒与工人奔波于山间碑碣之间,王褒恨道:若是我不善书法,何尝到这个地步!所以颜之推告诉后代:"慎勿以书自命。"

善绘事,也是世族士大夫很看重的技能。当时的绘画名家有梁元帝、萧贲、刘孝先、刘灵等,他们都是名士,作品"玩阅古今,特可宝爱"。然而颜之推也不希望自家子弟去习绘事,原因在于"若官未通显,每被公私使令,亦为猥役"。他举吴县顾士端父子,常被梁元帝命去画画,"每怀羞恨"。彭城刘岳被西周将领陆法和派去画支江寺壁,"与诸工巧杂处"。颜之推叹道:"向使三贤都不晓画,直运素业,岂见此耻乎?"如果他们不懂绘画,还在做他们的名士,会有这等耻辱吗?

算术是儒家六艺之一,儒家论天道、定律历,均要算术。对之"可以兼明,不可以专业"。

医药,可以"微解药性,小小和合,居家得以救急,亦为胜事",是可以学习的。

琴瑟,古来名士,多所爱好。萧梁时,衣冠子孙,如不知琴被称"有所阙";琴声"有深味""足以畅性情也"。可学,"唯不可令有称誉,见役勋贵,处之下座,以取残杯冷炙之辱"。

博弈,"能尔为佳""学者不可常精,有时疲倦,则偿为之";围棋,"颇为雅欢",但会废事废业,"不可常也";投壶、弹棋,可"消愁释愤,时可为之"。

东汉彩绘六博木俑
国家一级文物,1969年甘肃省武威市磨嘴子汉墓出土,甘肃省博物馆藏。木雕六博俑,以简洁明确的艺术手法,刻画了两个老者全神贯注博弈的场面,惟妙惟肖地表现出对弈时蓄势待发的紧张气氛,堪称汉代木雕中的艺术精品。六博又称"陆博",是古代一种掷采行棋的博戏类游戏,因使用六根博箸故名

南朝射箭武士纹墓砖
福建博物院"福建古代文明之光"展厅

射箭,南方冠冕儒生已多不习此,现在对"防御寇难,了无所至",已起不了作用,河北文人虽"率晓兵射",不过是一种获取赐物的手段,真正的射箭要"截轻禽、截狡兽",不是士大夫所能做到的,"不顾汝辈为之";卜筮,"拘而多忌,亦无益也"。

以上各艺,颜之推统称之"杂艺"。有的是作为士大夫必备的修养,如书法、绘画、弹琴,颜之推主张后代应该学习,但艺不必精,原因是一旦艺精,不是与工役混在一起,便沦为取乐勋贵的工具。还有一些技艺如算术、医药,也要子孙们懂得,因为它们有实用价值。还有一些可以消愁、"释愤"的技艺,作为一种生活修养也可以学。至于像射箭、卜筮,因不符合士大夫身份或荒诞无稽,就不要学了。

可见"杂艺"虽杂,要不要学,学成程度如何,均以维护世族自身身份、利益而定的。"杂艺"众多项目的列举,也可让我们感受当时一名合格的世族士大夫,是要具有多种艺术修养的。这对我们今天要求人才队伍应有较高文化、艺术素养,有一定启发意义。

对各种"杂艺"的罗列与介绍,让我们知道了当时书法界、绘画界的大致情况。有些情况今天我们已掌握不多了,像对算术中的奇才祖冲之的介绍;还有一些技艺如投壶、弹棋,我们也知之甚少,颜之推的记叙,大致让我们知道了某些规定和方法。

"诫兵"及对家族传统的固守

作为一部"整齐门内,提撕子孙"的家训,最后必然要为子孙指出努力方向及未来职业的选择。颜之推的回答很明确:一是不能从事兵凶之事,因为"兵戎战危,非安全之道";二是一定要保住颜氏世代儒雅的门风,以"传业扬名为务"。

为了说明前者,他写了《诫兵》一篇。

在《诫兵》中,他称颜氏"世以儒雅为业",仅孔子72个著名门徒中,颜氏就占8人,从秦、汉、魏、晋起,下到南朝的齐、梁,"未有用

东汉投壶画像石
河南南阳出土,北京世纪坛世界艺术馆"秦汉—罗马文明展"

兵以取达者"。少数几个，"皆罹祸败"。

然而，自东晋南渡以来，出现了一个现象，那便是"衣冠之士，虽无身手，或聚徒众，违弃素业，缴幸战功"，这确有历史依据。南渡时，世家大族都举族南迁，为保护自身家族安全，不得不借助武力；再者，自东晋以后，外要抵御北方少数民族南侵，内有各种势力的斗争，无不要靠甲胄之士。仅东晋一代，以世家大姓典掌兵权的就有王敦、桓温、谢石等人。以后的宋、齐、梁各代均有所谓衣冠之士出任战将的。但文人任武职，在颜之推看来是危险的事。王敦、桓温都因兵权在握，势力膨胀，觊觎东晋帝位，搞起了叛乱，结果都败亡，跟随他们的大小世族也遭了殃。侯景之乱时，萧梁的士大夫不少也任武职，不管投靠了侯的，或没有投靠侯的，无不陷身灭族。根据前代经验，颜之推语重心长地对后代说：请看我们这些"羸薄"（长得瘦小、单薄）的书生，千万不要逞弄拳棒，参与兵戎之事了，"诫之哉！诫之哉！"

他还不无讽刺地说：古代的武士并不好当，要懂得"五兵"（即5种兵器：戈、殳、戟、酋矛、弓矢）、善骑射，才称得上是武士。今天的士大夫，只要不读书便自称武夫，不过是批"饭囊酒瓮"罢了。

既不能当武夫，从事兵戎之事，颜氏子孙，只能走由读书而出仕之路。他告诉子孙，世上的事最容易又可尊贵的只有读书，在动乱年代，只要是读过书的人，"千载终不为小人"。承平年代，如果有了学问，就能"守道崇德，蓄价待时"，等待君上的征召了，即使不能做官，亦可为教，招收门徒或从事著述。

或许要问，颜之推不是也说过"人生当世，会当有业"吗？这个"业"他举出了农民、商贾、工匠、艺人、武夫与文士。除文士外，是否这些"业"都可供颜氏子孙选择呢？他又说过农商工贾、厮役奴隶、钓鱼屠肉、贩牛牧羊中，"皆有先达，可为师表"，既可为师，难道

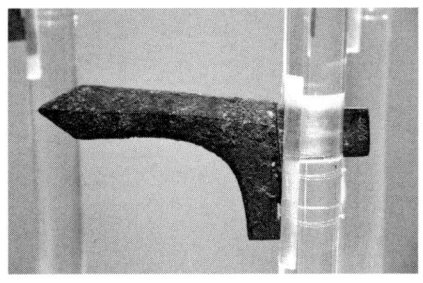

战国青铜戈
浙江省博物馆武林馆区"越地长歌——浙江历史文化陈列"

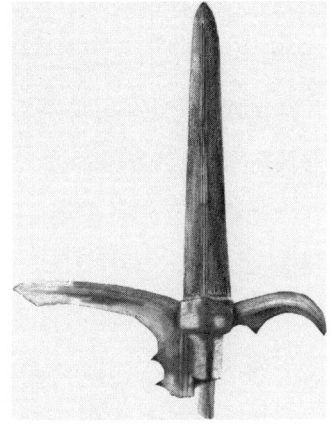

战国青铜戟
戟属长柄兵器,为戈、矛的合成体

战国殳
湖北江陵望山4号墓出土,湖北省博物馆"楚文化展"。

青铜酋矛
2009年12月25日"商代遗珍——江西新干大洋洲文物精品展"

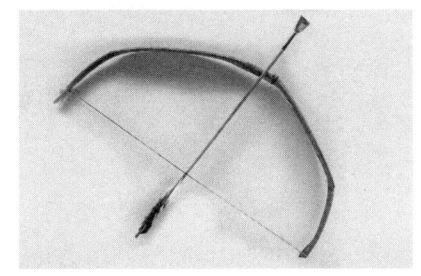

汉代弓矢
青海博物馆藏

二 《颜氏家训》——家训之祖 | 81

不可从事这些职业吗?

颜之推虽讲过上述话,但这些并非是他子孙的职业选择。因为在他看来,包括耕田养牛在内,都是小人从事的职业,是君子不能为的。他希望后代记取当时士大夫"治官则不了,营家则不办"的教训,走"应世经务"道路。他要后世懂稼穑、懂建房、懂税务甚至懂打官司,是为将来出仕做准备的。

他要子孙懂得稼穑之道,还有另一个目的,在《治家》篇中他这样说:

生民之本,要当稼穑而食,桑麻以衣;蔬果之畜,园场之所产;鸡豚之善,埘圈之所生。爰及栋宇器械,樵苏脂烛,莫非种殖之物也。至能守其业者,闭门而为生之具以足,但无盐井耳。

请看,在这个小天地中,从吃的到穿的、用的,从植物到动物,乃至房屋修建,等等,一切均可自给自足,只差食盐。这不是完整的

汉代画像砖:收租图
表现的是庄园主向农户收租的场面

庄园模样吗？魏晋南北朝时期是中国封建庄园经济充分发展的时代，庄园是世家大族的经济基础，颜之推的介绍，为我们提供了又一例证。颜之推说他家田不过十顷，当时算是小地主，但也足够建起一个小庄园了，庄园主自然要懂春种秋收，也要懂得养殖之道，更要懂得贩卖营利，如何上缴税赋……所以颜之推要子孙学习"应世经务"，应该包括了上述稼穑之道。他的"应世经务"有"治官"之务，也有"营家"之务，进可到朝廷为官，退则能管理好自家的庄园，绝非要子孙去当农民。

刘勰

刘勰（约465～约532年），南朝梁文学理论批评家，著有《文心雕龙》

小知识◎刘勰与《文心雕龙》

刘勰（约465～约532年），字彦和，南朝梁时的文学理论家，原籍东莞莒县（今属山东），世居京口（京口称南东莞，今江苏镇江）。梁武帝时，历任奉朝请、东宫通事舍人等职，深为萧统所重。晚年出家为僧，改名慧地。早在南齐末年写成《文心雕龙》50篇，分上、下两编，10卷。书中较全面总结了前代文学现象，把文学理论批评推向新阶段，成为我国古代文学批评史上杰出的著作。

◎王羲之的书法艺术

　　王羲之（321～379年，一作303～361年），字逸少，东晋书法家，琅邪临沂（今山东临沂）人。出身贵族，官右军将军、会稽内史，人称"王右军"。工书法，早年从卫夫人学，后改变初学，草书学张芝，正书学钟繇，博采众长，精研体势，推陈出新，一变汉魏以来质朴的书风，成为妍美流便的新体。其书备精诸体，尤擅正、行，字势雄强多变化，为历代学者所崇尚，称为"书圣"。书迹刻本，散见于宋以来所刻丛帖中，以唐怀仁所集《圣教序》最多。北京故宫博物院及台湾"故宫博物院"存《奉橘帖》《快雪时晴帖》。

◎六艺

　　古代将《诗》《书》《礼》《乐》《易》《春秋》称"六经"或"六艺"，又将学习内容礼、乐、射、御（驭）、书、数称"六艺"。

三 《颜氏家训》的叙事方法和教育方法

中国的训诫文、劝喻文有悠久的传统。《尚书·商书·盘庚上》收录的商王盘庚对殷商贵族的训辞便是早期训诫文的代表。而《尚书》中周公旦对侄儿周成王的劝诫、对弟弟召公的劝诫即有家训的意味。以后记录孔子、孟子等圣贤有关父母对儿子进行训诫的文字或故事便屡屡出现于典籍中。《庄子》以比喻或故事来说明某一道理的写作方法更为后世称赞。

自西汉以后，家训一类的文字才逐渐

地固定起来。"家诫""诫子书"便出现于文体之中，比较优秀的，有《司马谈命子迁》《刘向诫子歆书》《马援诫兄子严、敦书》及三国时诸葛亮、曹操的各式诫子书、令等。

　　颜之推是继承了自先秦到魏晋各代的训诫文、劝喻文从立意到写作上的成就，才写成《颜氏家训》的，《颜氏家训》可说是将家训这一文体承续、细化并进行了范式化的作品，对后世家训起了典范作用。

1. 以儒家经典、格言为出发点

以儒家经典《诗》《书》《礼》《易》《春秋》《论语》中的话、格言，或虽不提经典名称，明眼人一看便知是儒家著作中的名言，当作问题出发点，来论述一个或数个主题，是《颜氏家训》叙事方法中最重要的特点。

如《治家》篇，为论述治家应勤俭但不应鄙吝时，连引孔子《论语·述而》和《论语·泰伯》两篇中有名的话"奢而不逊，俭则固"及"如有周公之才之美，使骄且吝……"提出论述主题。然后，便用具体的事例来说明勤俭带来的好处，奢侈贪鄙带来的坏处。

又如《教子》篇，首引"上智不教而成，下愚虽教无益，中庸之人，不教不知也"。没有标名出自何书，但稍有儒学知识的便知此话出自《论语·阳货》："唯上智与下愚不移。"颜之推是针对中庸之人来作理论的。由此引起了胎教、早教的必要，早教中应注意的问题。在教导后世不要养成孩子坏习惯时，又以孔子的话即"少成若天性，习惯如自然"作结语。此段不足200字，但以孔子的话开头，引出一系列须讨论的问题，又以孔子的话结束，给人印象深刻。

再如《止足》篇，以《礼记·曲礼上》的话"欲不可纵，志不可满"为开头，点明主题。接着以简明的语言说明"恶满盈"、谦虚免害的道理。再以贵为天子的帝王作为"败累"的反面例子，又以颜氏家族的祖训，从正面强化了"止足"这个主题。全篇不过300字，在《家训》20篇中，是个短篇，但读后让人回味无穷。

颜之推以儒家经典、格言作为出发点，提出论题，并非认为所引经典、格言都是完美无缺的，都要全部遵照执行。如前面分析，颜之推已发现留传于世的儒家经典有缺失，时代又有变化，家门"所见互称长短"，严格地执行儒家经典已不可能。他说的"士大夫风操"，就是"学达君子，自为节度，相承行之"而形成的。因此，他在强调"以礼为本"的同时，曾引述《礼记》中的两句话"见似目瞿，闻名心瞿"及"父之遗书，母之杯圈，感其手口之泽，不忍读用"时，认为不能机械地固守旧礼，引起别人的讥笑是小事，还造成了浪费，甚至影响了公务。

在被儒家肯定的"六艺"上，颜之推也作了如是处理。如"弧矢之利，以威天下，先王之所以观德择贤，亦济身之急务也"。此句话来自三本儒家经典，首节来自《易经·系辞下》，第二节来自《礼记·射义》，末节来自《论语》。按理"弧矢之利"应该继承和学习，但颜之推却从弓矢的变化，结合本家族实际，"不愿汝辈为之"。类似的情况，在要不要后代学习"琴瑟""博弈"问题上，颜之推的回答均是如此。

作为恪守儒家礼仪的颜之推，为何对儒家经典有这样态度？除前面分析过的原因之外，在另一处他讲得更清楚。《书证》中说：

客有难主人曰："今之经典，子皆谓非，《说文》所言，子皆云是，然则许慎胜孔子乎？"主人拊掌大笑，应之曰："今之经典皆孔子手迹耶？"客曰："今之《说文》皆许慎手迹乎？"答曰："许慎检以六文，贯以部分，使不得误，误则觉之。孔子存其义而不论其文也。先儒尚得改文从意，何况书写流传耶？必以《左传》止戈为武，反正为乏，皿虫为蛊，亥有二首六身之类，后人自不得辄改也。安敢以《说文》校其是非哉？其余亦不专以《说文》为是也。有援引经传，与今乖者，未之敢从。"

众所周知，颜之推在训诂学上是很推崇许慎的《说文解字》的，这段话因此而起。我们读此段时应注意：颜之推认为今天流传下来的儒学经典，并非是孔子手迹；而孔子整理成的先秦典籍，也并非字字都是先秦时的遗迹，是"存其义而不论其文"的，像孔子那样的先儒都会"改文从意"，何况是流传下来的经典呢？颜之推也认为经典中有些解释是不可变更的，但他又以《说文》为例，"有援引经传，与今乖者，未之敢从"。如果古之经传与今天的理解、今天的风习不同，他也是不敢跟从的。

所以，颜之推写《颜氏家训》，喜首引儒家经典，并以此作阐述自己思想和主张的出发点，一方面表明了自己是以《六经》为旨归的，在儒学占统治地位的社会里，会获得主流社会的普遍认同；另一方面，他酌应时势变化，对儒家经典作某些调整，切合了实际，迎合了时代要求和一般社会人士的接受水平。

小知识◎许慎与《说文解字》

　　许慎（约58～约147年），字叔重，东汉儒学家、文字学家。汝南召陵（今河南漯河召陵区）人。博通经籍，有"五经无双许叔重"之评。他著的《说文解字》共15卷，收字9353个，重文1163篇，按文字形体及偏旁构造，分列540部。它首创部首编排法。每字下解释，大抵先说字义，再说形体构造及读音，依据六书解说文字，书成于东汉和帝永元十二年（100年），是留传至今我国第一部系统分析字形和考究字源的书，也是世界最古老的字书之一。许慎又著《五经异义》10卷，郑玄曾加驳难，现《五经异义》及郑氏驳难均佚。

2. 以历代圣贤、明达之士作楷模

要教育后代，必须推出学习、效法的榜样。正如颜之推在《慕贤》一章开头时说："古人云：'千载一圣，犹旦暮也；五百年一贤，犹比髆也。'言圣贤之难得、疏阔如此，傥遭不世明达君子，安可不攀附景仰之乎？"他本人对于贤人就是"心醉神迷向慕之也"。

《颜氏家训》完全遵循他对圣贤的景仰之心，用圣贤和历代达人名士的事迹来教育下一代。

如为了说明礼贤下士的重要，他引述了周公接见穷巷白屋之士，"一沐三握发，一饭三吐哺"的故事。此故事称，周公一天接见贫贱之士70余人，以至洗头时，三次将头发解开；一餐饭，三次将到口的饭菜吐出来，"门不停宾，古所贵也"。接着又举当代

周公

周公，姓姬名旦，亦称叔旦，周文王第四子。因封地在周（今陕西岐山北），故称周公或周公旦。西周初期杰出的政治家、军事家和思想家，被尊为儒学奠基人

管仲
管仲（约前723或前716～前645年），春秋时期齐国颖上（今安徽颖上）人，名夷吾，字仲，谥曰敬，故又称敬仲，史称管子。著名的政治家、军事家

裴之礼，发现家中门生僮仆接待宾客不周到，"对宾仗之"，以是到他家，僮仆"辞色应对，莫不肃静"与主人无异。

又如举孔子"无友不如己者"，说明友朋之道；举墨子见到染丝过程而悲伤，说明交友应慎重。

再如为讲清楚老有所学，学有所成道理，除首引孔子的话，"五十以学《易》可以无大过矣"外，又连引曾子、荀子、公孙弘、朱云等名贤大儒等例子作证明。

还有，历代忠义事迹，为颜之推赞赏，为了让子孙明白"前代之所贵，而吾之所行也"。他举战国时渔父渡伍子胥、西汉周氏和朱家藏季布、东汉孔融藏张俭的事例为证。

为说明学习主要是"欲其多知而明达耳"，并非死拘书本，他举出武将中的孙武、吴起，文臣中的管仲、子产为例，称后世只要学习到他们中的一点，就是读好了书，"吾亦谓之学矣"。

《颜氏家训》所引古今圣贤、明达之士为后人楷模的例子还有很多。他的目的就是："劝一伯夷（商末贵族，因耻食周粟而饿死），而千万人立清风矣；劝一季札（春秋时吴国公子，数次让国不居），而千万人立仁风矣；劝一柳下惠（春秋时鲁国大夫，以贤德闻名），而千万人立贞风矣；劝一史鱼（春秋卫国史官，以正直闻名），而千万人立直风矣。"树立一个榜样，让后世千千万万人去学习，以改变社会上的政风、学风。颜之推这一叙事方法，显然也是他的教育方法。

其效果是空洞说教无法比拟的。

不过《家训》也引了某些例子,颜之推虽作为正面事例来教育后人,如批判"牝鸡司晨",赞扬妇女只应在家主持"中馈"而勿干预政事,等等,反映了儒家轻视妇女的一贯立场,是他思想中的糟粕。

3. 以亲身经历当教材

颜之推将他亲身所见所闻中,值得后世记取的内容精选出来,纳入他写的《家训》中,让《家训》读来有一种亲切感。

他在《家训》中,不止一次地强调,"吾生于乱世……闻见多矣""昔在江南,目能视而见之,耳能听而闻之"。他要将这些"以传示子孙";他自称所写《家训》,"非徒古书之诫,经耳过目也"。此外"吾见""吾闻"屡屡见于文中。

南北朝的重大历史事件,他是亲历者。如:侯景之乱,建康被屠戮,江陵城破,大批梁国百姓被俘北上,北齐朝中鲜卑贵族与汉臣的血腥斗争……还有一些重要历史人物,他还与之对过话,如梁元帝自幼好学,是元帝本人对颜之推讲的;梁元帝好玄学,颜之推亲历了他的讲座;北齐朝中著名大臣祖珽、邢子才、崔文彦、魏收都是同僚,他们的风采,是他亲自领略过的。他将上述经历写入《家训》,让人读了有如见其人、身临其境的感受。为了加强效果,颜之推还将自己与儿子思鲁、愍楚的对话及自己亲戚中可记的嘉言懿行也收入其中,增添了《家训》的亲切感。

在亲见亲闻的事件中，以南朝世族士大夫承平时的腐朽糜烂生活，战时悲惨遭遇，给颜之推留下的印象最为深刻，在《家训》中多次提及。他不是一般地说说而已，而是深刻地分析了这一现象产生的根源，郑重地教导后代要牢记教训，不止要读书，而且要多务实事，学会经世实务，千万不能再走南朝士大夫的老路。

颜之推的亲见亲闻中，有大量南北在礼法、风俗习惯乃至文风上差异的事例。他告诉后世，其目的既包含知识上的传承，也告诫子孙，应适应环境，不要轻易犯错，以免带来祸害。

琅邪颜氏是礼法世家，颜之推本人是熟读《礼记》的，对南北在礼上的差异他尤为敏感。

很多场合，他是赞成北方礼法的。如接待宾客，南人宾至不迎，相见捧手而不揖，送客下席而已；北人迎宾至门，相见则揖。颜之推认为北方待客之礼符合古人之道，"吾善其迎揖"。南方在人的称呼上极复杂，还有专书《书仪》作详细规定；北方就比较简单，多呼其名。颜之推认为北方有"古之遗风，吾善其称名焉"。对于避讳，南方虽只讳名、不讳字，即便如此，已不堪繁复；北方名、字均不讳，如北齐祖珽，人称其"祖公"，并不为怪。颜之推是赞成北方做法的。

对北方礼法不赞成的有两个方面：一是"江左不避庶孽"，妻妾所生子女差别不大；"河北鄙与侧出"，容易引起家庭矛盾，此事"不可不畏"。二是"江东妇女，略无交游"；"邺下风俗，专以妇女持门户"，甚至妇女"代子求官，为夫诉屈"，不一而足，这大大有悖于妇女不干预政事的旧礼。不过北方妇女多善纺织，又优于江东。

颜之推先仕南朝，后入北朝，对南北风俗有细微观察。他认为南北风俗各有特点，在大多数场合，"不可加于人也"。一些特例也要考虑场合不同，人的秉性不同，因此"不可强责"。

南朝画像砖：吹笙引凤
河南博物院藏。河南邓州市学庄南朝墓出土，从中可见南朝人的服饰和面貌

南北文风亦有很大区别。北方"问一言辄酬数百，责其指归，或无要会"，失之太繁或击不中要害；南方则"羞为鄙朴，道听途说，强事饰辞"，太过浮华夸诞。

难得的是，颜之推将他亲历亲闻、认识世界的过程，进行了理论上的总结与提升：

> 凡人之信，唯耳与目；耳目之外，咸致疑焉……山中人不信有鱼大于木，海上人不信有木大于鱼；汉武不信弦胶（海上一种鱼胶，能接续弓弦），魏文不信火布（一种火烧不燃的布）；胡人见锦，不信有虫食时吐丝所成。昔在江南，不信有千人毡帐，及来河北，不信有二万斛船；皆实验也。

"实验"两字,道出了颜之推追求知识的手段,是符合人们认识事物的客观过程和普遍规律的。

正因为颜之推的所见所闻,是他的"实验",因此就非常可贵,他不仅以此教育后代,而且他的记录也成为今天我们认识南北朝那个时代的珍贵资料。

作为教材留给后世的,还应包括颜之推自己(也包括颜氏家族)在学术上的成就及研究方法。将《书证》《言辞》收入《家训》应出于这个考虑。值得提及的是颜之推在训诂学、古籍整理上的成就,通过《家训》保存到现在,也成为我们今天从事这方面学习的有用教材。

4. 以古今事例供借鉴

用故事（或寓言）吸引读者，说明某个道理，是中国先秦散文在表现方法上的特色。颜之推继承了这个优秀传统，用于家训类的劝谕文写作上，不仅取得足以骄人的成就，对后世的家训、家范、家诫也产生了重要影响。

《颜氏家训》所引述的事例，极为繁多。有古代的、近期的、当时的；叙述方法有详说、略说；有时用几个故事连缀起来，共同说明一个道理；也有一个故事只说明一个道理；还有将故事和圣贤事迹、亲历亲闻，交叉讲述，以达到最佳说理效果。

第一，用正面的事例，来证明所阐述道理的正确，故事中的人物除圣贤外，都是颜之推正面肯定的，是值得世人学习、效法的对象。

为说明待客之道，在举出周公"一沐三握发"事迹后，接着便举南朝裴之礼礼贤下士的故事。裴为世人称之"善为士大夫"的贤人。

为说明兄弟间友爱，举出当代江陵王玄绍兄弟的故事。称在江陵陷落时，王玄绍为兵所围，"二弟争共抢持，各求代死，结果三人共死一处"。

借人典籍须爱护，"此亦士大夫百行之一也"，为颜之推所推重。他特举当时济阳江禄借别人书籍从无损坏为例加以说明。

"勤学"为颜之推《家训》中反复训导的主题之一。他举出一系列古人、今人勤学而成大器的例子以为倡。

儿子与后母的关系，在家庭中很难处理。他举汉代著名孝子薛包的故事，又举自己亲戚中的例子，说明后母亦会为儿子的诚意所感动。

第二，用反面的事例，说明某事不可行，行必产生严重后果，让后世引以为戒。

为说明父母对子女的爱不可逾度，过分的爱必成其害。颜之推举北齐琅邪王的例子，认为太后对其爱护过分，增长了他的骄横，至矫诏斩宰相，终罹灾祸。又举春秋时共叔也因母爱过分而遭杀，汉代刘邦爱赵王如意，如意被杀等古今事例，不仅说明父母对子女的爱不能过度，而且要"均"的道理。他称这些例子"可为灵龟明鉴也"，让后世做借鉴的用意是很明显的。

为说明"巧伪不如拙诚"、名实应相符的道理，颜之推以《左传》中伯石辞让卿位及王莽篡汉假意推辞的故事，说明任何自以为"巧密"之计，终将为后人看穿，并将遗臭万年，此类事，"可为骨寒毛竖也"。

颜之推鄙视那些"贾诚（忠）以求位，鬻言以干禄"的人，认为他们与国与事"或无丝毫之益"。这些人中，他列举了历史上的严助、朱买臣、吾丘寿王、主父偃等人。他要表明的态度是"论政得失，非士君子守法度者所为也"。他倒并非一律排斥臣下对君主进行谏诤，他要求谏诤时，一定要考虑谏诤的内容是否合乎自己的地位，以及君王对自己的信任程度，否则，是危险的。这是颜之推为官的经验之谈。

颜之推所举的反面例子，今天看来，倒并不都是负面的。如他为了证明自身家族写文章一贯是"典正"的，从不作"轻薄"之语，在《文章》一篇中,将东汉至南北朝玄学之士的为人、为文,都作了不同程度的贬抑;又将从屈原、宋玉以下的数十人乃至汉武帝及曹氏三代(曹操、曹丕、曹叡)、宋武帝都进行了负面评价,也都有失公允。

第三,为将道理讲得更透彻,同时举出正、反两面的例子,让后人从中选择,而且留下深刻印象。

为强调父母对子女教育的重要,《家训》举了正、反两例来说明。正面例子是梁元帝大司马王僧辩,时已40岁,为统兵大将军,但稍有过失,其母魏太夫人还要"捶挞之,故成其勋业"。反面例子是一位学士,自小受父亲宠爱,只表扬不批评,以是"暴慢日滋",最终被一将军"抽肠衅鼓"。

在《治家》一篇中,《家训》同时举两组例子:一组治家过于"严刻"或过于"宽仁",均不足为法;另一组则是家素清贫,即宽厚待人。显然宽厚待人的裴子野是颜之推树立的榜样。

《勉学》篇中同样有两两对立的例子。帝王中,梁元帝是好学的典范;北齐孝宣帝虽孝顺其母,但临死诏文却说"恨不见太后山陵之事",等于是"若见古人之讥欲母早死",是"无学所为"造成的。颜之推又表彰了北朝崔浩、张伟、刘芳、邢子才四儒,认为他们"虽好经术,亦以才博擅名",与之相反的是一批"只读义疏"的士大夫,他们只能称"田间闲人"。两两对比,颜之推要后世学习的对象一看便知。

第四,《颜氏家训》是一部严肃的教育书,所讲的道理是严肃的,所引用的故事或事例大多是严肃的;但全书中,颜氏也选择了某些"可笑之人"和"可笑之事",让读者能轻松一下,增添了该书的可读性。在谈及世族士大夫避讳时,颜之推便推问:梁武帝小名阿练,他的子孙、朝臣犹可避"练"字而用"绢"代替,那么"消炼物"(指道家炼丹时所用之物)称"消绢物",人们就不知何意了;如有人讳"云",

云改为"纷烟",有人讳"桐",梧桐树改为"白铁树",如用于人名或他物名"似戏笑耳"。这很容易让人联想到三国武将赵云的名字,如其后人将其改称赵"纷烟",会引起什么后果?北方有人小名叫驴驹、豚子的,如何可避?"使其自称及兄弟所名,亦何忍哉?"……这一连串不合理的笑话产生,缘于士大夫不懂礼是随着"世事变改"而有所"节度"的。

在谈及"文章有巧拙"时,颜之推举并州一士族为例,此人"好为可笑诗赋",一有诗赋出,大家便假作赞誉,此人竟信以为真,"击牛酾酒",进行庆祝。其妻明白丈夫才能,"泣而谏之",此人竟对外人说,"才华不为妻子所容"。

负薪读书

出自清末民初马骀《马骀画宝》。描绘西汉朱买臣家境贫寒,靠砍柴卖薪度日,经常一边挑柴一边读书的情景。朱买臣(?—前115年),字翁子,一作翁之,吴郡吴县人,汉武帝时期大臣、辞赋家,西汉四杰士之一

还有,当时不少士人不仅文章写得不通,有的人"己身姓名,或多乖舛,纵得不误,亦未知所由",这些事,"一何可笑"。

《颜氏家训》在叙事方法上,继承了我国先秦两汉以来说理文的优点,将其运用到家训这个特殊形式上,取得了成功。全书的立论极为鲜明、准确,往往是以儒家经典、格言提出问题。论据的形式多样,有圣贤事迹、名人故事、作者自己经历,等等。表现方法上,有正面的论据,还有反面的论据;有设问和作者的回答,也有对读者的反诘,

以引起反思。总之，说理透彻，逻辑性强。最终让读者不得不顺着作者设置的逻辑，得出应有的结论。

作者的叙事方法也是教育方法。为了让接受者不止是坐而学，而且要做到起而行，他对论据所引故事都经过一番仔细选择，即故事本身既为大家熟知又有很强的可模仿性；另外运用的语言也比较亲切，说理极为委婉，充分考虑了接受人的心理。正如后世一位翻刻者所说，《家训》"寓意极精微，称说又极质朴"，读了有一种"切切婆心，谆谆告诫"的感觉，起到了"如当面说话，订顽起懦"的作用。

四 《颜氏家训》对后世的影响

《颜氏家训》为我国历代家训中被翻刻次数最多的一种。

唐代，世族地主在政治上占有一定优势，维护世族门风、权势的《颜氏家训》得到他们的欢迎是必然的。值得论及的是，此时，《颜氏家训》还得到佛教界赞许，释道宣编《广弘明集》即将《归心》一篇收入，称"颜之推《归心》，词彩卓然，迥张物表"。

宋以后，庶族地主取代了世族地主，

《颜氏家训》却受到更加热烈的追捧,原因在于,此时庶族地主的"敬宗收族"是王朝最高统治者最需要的;《颜氏家训》所提倡的"以礼为本"、突出儒学地位的论述,与儒家知识分子内心需求符合若节,后世家训无不以《颜氏家训》为样板;再者,《颜氏家训》所包含的教育经验,涉及的人生智慧及哲理,也有值得学习、借鉴的地方。以是《颜氏家训》写作背景虽是南北朝,但它的影响却超过了特定时代。

对这样一部家训,绝不能等闲视之,我们应将它作为一笔珍贵遗产来对待。

1. 对颜氏后代的影响

颜之推说他写《颜氏家训》，为的是"整齐门内，提撕子孙"。在《家训》最后也不忘告诫后代："汝曹宜以传业扬名为务，不可顾恋朽壤，以取埋没也。"

他的后代（至少到唐代），确如他所希望的那样，有的继承了颜氏学术传统，成为学问大家；有的则以忠义闻名于世，在历史上留下了足以传之千古的美名。

学问世家

颜之推本人便是一位力图在学术上做贡献、成为颜氏表率的人物。据《北齐书·文苑传》《隋书·经籍志》《旧唐书·经籍志》《新唐书·艺文志》《颜氏家庙碑》及《直斋书录解题》等书记载，颜之推的著作有：《文集》30卷、《家训》20篇、《俗训文字略》1卷、《集灵记》20卷、《急就章注》1卷、《笔墨法》1卷、《稽圣赋》3卷、《证俗音字》5卷、《还冤志》（又作《冤魂志》）3卷。今天只有《家训》及《还冤志》存，其他均佚。

他的3个儿子：长子颜思鲁——取名有怀念祖籍山东之意——随父由北齐到北周，仕于隋，任东宫学士。唐初为秦王府记室参军，曾编订其父文集，并作序录。次子颜愍楚——取名有哀念故国萧梁之意——于隋曾出任通事舍人，继承其父在音韵学上的成就，著有《证俗音略》2卷，后因事被贬，居南阳，朱粲军攻占邓州，因饥馑，愍楚合家被朱粲兵所啖食。三子颜游秦系在关中所生，隋时曾典校秘阁，唐武德年间为廉州刺史，迁鄂州刺史，卒于任所。颜游秦继承了颜之推对《汉书》的精深研究，撰《汉书决疑》12卷，为当时学界所赞扬。

对颜之推学问有大发展的是颜思鲁长子、颜之推之孙颜籀。颜籀，字师古，自幼博览群书，尤精训诂，仕至秘书监。唐太宗贞观十一年（637年），"时（太子）承乾在东宫，命师古注班固《汉书》，解释详名，深为学者所重。承乾表上之，太宗令编之秘阁，赐师古物二百段、良马一匹"。颜师古能注《汉书》，与他叔叔颜游秦已写《汉书决疑》有关，颜师古常取义于《汉书决疑》，以是当时有"大、小颜"之称。《汉书决疑》今已佚，但从颜之推到颜游秦，再到颜师古之间的传承关系是一目了然的。

在颜师古注《汉书》时写的《叙例》中，可以发现，颜师古是完全继承了他祖父颜之推的学术主张的。

颜师古特别重视文字的正形，认为要恢复《汉书》上的古字，必须从古本入手。他说："《汉书》旧文多有古字……后人习读，以意刊改，传写既多，弥更浅俗，今则曲校古本，归其真正。"这与颜之推的主张是一致的。

颜师古对古书上音读的看法，几乎是对颜之推主张的复述。他说："古今异言，方俗殊语，未学肤受，或未能通，意有所疑，辄就增损……

今皆删削，克复其旧。"

至于颜师古对流传的《汉书》注本的评语如"诡文僻见""荒辞竞逐""先后错杂"等也同于颜之推对古籍旧注文的不满。除此之外，今天的研究者还从颜师古的《汉书》注文中，找出某些句子的释义，其来源便是《家训》。

颜师古所注《汉书》用力既深，当时评价就很高，"时人谓杜征南（杜预）、颜秘书（颜师古）为左丘明、班孟坚忠臣"。直到今天，颜师古所注《汉书》，仍是《汉书》中最好的本子。中华书局标点本所据的原本，就是明清翻刻的颜师古注本。颜师古除注《汉书》120卷之外，还有自撰《文集》60卷、《急就章注》、《匡谬正俗》8卷。颜之推在《家训》里曾这样评述校定古籍之难："校定古籍，亦何容易，自扬雄、刘向，方称此职耳。观天下书未遍，不得妄下雌黄。或彼以为非，此以为是；或本同末异；或两文皆欠，不可偏信一隅也。"可喜的是，他的孙子在校注《汉书》时，便达到很高成就，仅征引自汉到南北朝的注家便达23种，"妄下雌黄"绝不能加到颜师古头上。颜师古的学术成就，足见颜氏家族的学术是传承有序的，这离不开颜之推和《颜氏家训》的功劳。

忠臣和义士

颜氏后人在有唐一代，不止是学问世家，而且是忠义世家。唐代安史之乱时便出现了以颜杲卿、颜真卿为代表的忠臣、义士。

颜杲卿、颜真卿两人是堂兄弟，为颜师古之弟颜勤礼的曾孙，颜思鲁之玄孙，颜之推的五世孙。

安史之乱爆发时（755年），颜杲卿任常山（今河北正定）太守，

颜真卿

颜真卿（709～784年），字清臣，山东临沂人，唐代著名书法家，创立的"颜体"，与赵孟頫、柳公权、欧阳询并称"楷书四大家"，和柳公权并称"颜筋柳骨"。

颜真卿任平原（今山东德州附近）太守。时国家承平已久，安禄山、史思明大军由范阳（今北京附近）起兵，如入无人之境，直接便由河北、河南，下洛阳，直逼潼关。次年（756年）春，颜杲卿、颜真卿起兵，"欲连兵断安禄山归路，以缓其西入之谋"。颜氏兄弟的起兵，激发了河北官民的义愤，一时"河北诸郡响应，凡十七郡皆归朝廷，合兵二十多万"。安禄山听说河北有变，停止了进攻潼关，命史思明率兵先攻常山，常山城破，颜杲卿被执到洛阳，安禄山亲自审问。颜杲卿破口大骂，安禄山恼羞成怒，将颜杲卿绑于洛阳中桥柱上剐之而死，颜氏一门死于刀锯者30余人。

颜杲卿死后，河北诸郡又落入敌手。颜真卿继续抵抗，附近诸郡人民杀安禄山所置守将，响应颜真卿，共推颜真卿为盟主，取得攻克魏郡（今河北大名西）大捷。肃宗即位，任命颜真卿为河北招讨使，节制河北诸路义军。

安史之乱平定，颜杲卿之子颜泉明去洛阳访求父尸和同时被杀的部下袁履谦尸，收敛入棺。其时杲卿妹妹及子女，还有泉明之子都流落河北，"泉明号泣求访，哀感路人，久乃得之"。在赎回亲属时，"先姑妹妹而后其子"。其姑之女为贼所掠，泉明只有钱二百缗，欲赎己女，闻姑姑愁苦，先赎姑女，再得钱欲赎己女，已失所在。杲卿将吏袁履谦妻子等，凡流落在外的，皆赎归，"凡五十余家，三百余口，均减资粮，一如亲戚"。时履谦之妻怀疑收敛履谦时衣衾必薄，"发棺视之，与杲卿无异，乃始惭服"。当时人极为钦服颜杲卿及其子颜泉明之所为，认为"颜杲卿之忠节固照映千古，而其子之孝义亦非人所及也"。

安史之乱后，各地藩镇割据，唐德宗建中四年（783年）淮西节度使李希烈派兵攻下汝州、尉氏、郑州，兵锋直逼东都洛阳。奸相卢杞当权，对颜真卿的正直很不满，乘机向德宗建议：李希烈不过是年少恃功骄慢，只要有儒雅大臣在旁，必能洗心改过，颜真卿为三朝旧臣是合适人选。以是将颜真卿排之出朝，实质置于必死之地。颜真卿一到许州宣旨，李希烈一帮养子就想杀他，"真卿足不移，色不变"。当时周围四镇藩将已称王，派使者来淮西劝进，推李希烈称帝，宴会上有人称，颜公在此，为上天赐予的宰相。颜真卿怒斥道："汝知有骂安禄山而死者颜杲卿乎？乃吾兄也，吾年八十，知守节而死耳，岂受汝辈诱胁乎？"李希烈在颜真卿住所庭院挖一大坑，欲坑杀之，颜真卿坦然道：何必多事，只要一剑给我便可。颜真卿一直被扣押在李希烈处，至德宗兴元元年（784年）被李希烈缢杀于蔡州。

颜真卿在德宗朝做过太子太师、吏部尚书，封鲁郡开国公，以是人称"颜鲁公"。他不仅是位忠义之士，而且是位书法名家。他的书法初学褚遂良，后在张旭处得笔法，正楷端庄雄伟，气势开阔，行书遒劲有力，人称：自颜鲁公出，古法为之一变，开创了书体新风，对唐以后的中国书法影响很大。他开创的"颜体"，更为后世书家所推崇。整个唐代，颜之推的直系后代，出现了一流的学问家，也出现了为后人称颂的忠臣、义士和书法家。如从颜之推开始算起，无论家业或是门风，光耀了近3个世纪（从6世纪末至8世纪末）。

小知识◎颜师古与《汉书注》

　　颜师古（581～645年），名籀，字师古，以字行，颜思鲁之子，颜之推之孙。少传家学，博览群书，精于训诂，善属文，早年家贫，以教授为业。太宗时诏师古校定《五经》，后又为太子承乾注《汉书》，其作《汉书注》，集隋以前23家注本，纠谬补阙，对《汉书》流传功劳很大，后人称为班固功臣。后官至秘书监、弘文馆学士。

◎颜氏家庙碑

　　颜氏家庙碑，颜真卿在唐德宗建中元年为其父颜惟贞所立，自撰文并书丹，上有李阳冰篆额，立于家庙，故称颜氏家庙碑。其文环刻于碑之四面，又称"四面碑"。立碑时颜真卿已72岁，全碑2828字，字体外形润美，内寓刚劲，为颜体代表作。颜真卿的碑刻存于世者还有颜勤礼碑（颜勤礼为颜师古之弟，颜真卿曾祖父），均立于西安碑林博物馆。真迹留传有《祭侄书》（藏台北"故宫博物院"）。

《多宝塔碑》（局部）
《多宝塔碑》全称《大唐西京千福寺多宝佛塔感应碑》，为颜真卿44岁时所书，原碑现存于陕西西安碑林，书法法度缜密，结体规范，行笔平稳沉着，是颜真卿代表性的书作之一

2. 对后世家训、家范、家诫的影响

近年来，人们对中国传世的家训（含家范、家诫、家规、家法等）的研究已逐渐深入，研究者将中国家训从产生到衰退，大致分为以下几个时期：

第一期：从先秦到汉，为家训的萌芽期；

第二期：三国、魏晋南北朝至隋、唐为家训的成熟期；

第三期：从宋到明、清为家训的鼎盛期；

第四期：晚清以后为家训的衰退期。

也有分五期、六期的，不管分为几期，都将《颜氏家训》称为中国家训"里程碑式"的作品。三国、魏晋至隋唐为什么是家训的成熟期？其原因在于"以'古今家范之祖'的《颜氏家训》为代表的一大批家训或家诫的出现"，或是称："传统家训成熟化的代表作当推北齐颜之推的《颜氏家训》。"

《颜氏家训》的问世，对中国后世家训产生了广泛而深刻的影响。

明确写作目的,创制书写范例,为后世树立典范

司马光

司马光(1019～1086年),字君实,号迂夫,晚年号迂叟,世称涑水先生,赠太师、温国公,谥文正,北宋陕州夏县(今山西夏县)涑水乡人,北宋时期著名史学家、政治家

《颜氏家训》在首尾部谆谆告嘱后代,他写"家训"的目的是"整齐门内,提撕子孙",子孙应"以传世扬名为务"。后世出现的各种家训(含家诫、家范、家规、家法),无不继承了这个传统。

有"古今家范第一"的宋代司马光《家范》,就称他写《家范》所用的事例皆是"圣人正家以正天下者也",或是"卿士以至匹夫""有家行隆美可为后人法者"。将上述故事告诉后代,是因为"为人祖者,莫不思利其后世";一般人只将良田美宅传给子孙,忽视了"以义方训其子,以礼法齐其家",他写"家范",一如周代从后稷、公刘、太王、王季到文王,是要"丰德泽,明礼法,以遗后世而安固之也"。

南宋人赵鼎,著有《家训笔录》,共30项。他极为钦佩司马光的《家范》,以是有两项都提到"前人遗训"及司马光《家范》《训俭》,认为"前人遗训,子孙自有一书,并司马温公《家范》,可各录一本,时时一览,足以为法",将家训当作"法",要子孙像恪遵国家法律一样谨记遵守。

明人庞尚鹏写的《庞氏家训》也认为家训即是法。在《庞氏家训·序》中称,子孙中"如其不贤,即吾成法具存,父兄因而督责之,使勉就绳束,犹可冀其改图也"。他写家训是"为后世计,咨尔子孙",希望子孙"以

儒书为后世业,毕力从之"。

有"字字药石"之称的明代姚舜牧写的《药言》,在《序》里称,他家的这本家训为"清高之训",他希望子孙,"但务耕读本业",要"清修",绝不能玷污"清白之家"的名声。

从《颜氏家训》开始,历隋唐、宋元、明清,虽然时代各异,家训所述重点有所不同,但其目的是一致的,就是要整肃族内,让自己家族的门风传承下去。

历代的各式家训、家诫、家范或族规、族法在内容上和表现形式上都继承了《颜氏家训》,并有所发展。

南宋袁采撰的《袁氏世范》被《四库全书总目提要》称为"《颜氏家训》之亚",可作为例子说明。《袁氏世范》共3卷3门,基本沿袭了《颜氏家训》所创范例。

如《睦亲》一门共60则,分析了父子、兄弟、夫妻、子侄、妯娌不和和失欢原因、弊害及解决的途径办法。基本是《颜氏家训》中的《教子》《兄弟》《后娶》《治家》各篇的发展。《处己》一门共55则,备述修身处世之道,涉及人生中遇到的智识高下、富贵贫寒、荣达浮沉、成败忧患、安危思虑、德性偏失、忠敬笃敬、勉善谏恶、近贤远佞、亲故疏密、言行举止、受惠报恩、患难周济、礼待乡曲等一系列问题,与《颜氏家训》中的《风操》《慕贤》《勉学》《名实》《涉务》《止足》多篇内容相吻合,也与《文章》一篇中某些内容相仿佛。《治家》一门有72则,多是士大夫持家兴业的经验之谈,这部分涉及的内容,也与《颜氏家训》中《治家》《勉学》有关联。以《袁氏世范》与《颜氏家训》相比较,《颜氏家训》中只有《归心》《书证》《音辞》《杂艺》四篇是《袁氏世范》没有的。《袁氏世范》中《治家》一门所谈到的范围又超过《颜氏家训》,这是因为南宋时封建地主经济已有高度发展,地主阶级更重视财产的经营及买卖，才将诸如田产纠纷、纳税完捐、种植蔬果、经销营利的内容纳入了家训之中。

在表现手法上，《颜氏家训》对后世家训起到了示范作用。

我们不妨以司马光的《家范》作对比。

司马光《家范》共 10 卷 21 篇，设：治家卷，祖卷，父、母卷（父、母各一篇），子上卷，子下卷，女、孙、伯、叔父、侄卷（女、孙、伯、叔父、侄各一篇），兄、弟、姑姐妹、夫卷（兄、弟、姑姐妹、夫各一篇）、妻上卷，妻下卷，舅甥、舅姑、妇、妾、乳母卷（舅甥、舅姑、妇、妾、乳母各一篇）。从卷、篇的设置不难看出，司马光是按家庭成员的亲疏、伦理关系的远近来布局全书的，这与《颜氏家训》的前几篇设置大同小异。司马光《家范》各篇的表现方法，更与《颜氏家训》几乎一致。

在首篇《治家》中，司马光接连引用了儒家经典：《周易》与《大学》，说明家庭成员应各正其位，"家道正，正家而天下定"的道理。接着举出历史上家道正与不正的例子，说明"治家莫如礼"。篇末，又引孔子的两段话，进一步说明世之君子要爱自己家族，并将爱施于家族每一成员。

卷 2 祖卷中，司马光论述了社会上为人祖者给后代遗留财物带来的弊病，而圣人给后代留下的是德与礼，贤人给后代留下的是廉和俭。列举了孙叔敖、萧何等人不重遗财而重遗德的故事，说明遗德对子孙带来的利益大于遗财。

卷 3 父、母卷中，首引《论语》《周礼》等论述，及孔子等圣贤事迹说明为父之道，首在严教。他又列举周大任妊娠文王、孟轲母三迁等 24 位母亲教子事例，说明母教的重要。

卷 4 "子上"卷与"子下"卷中，他首引《孝经》中关于孝道的论述，列举宋武帝等 40 多位孝子的事迹，说明孝道的重要，并提出孝的标准。

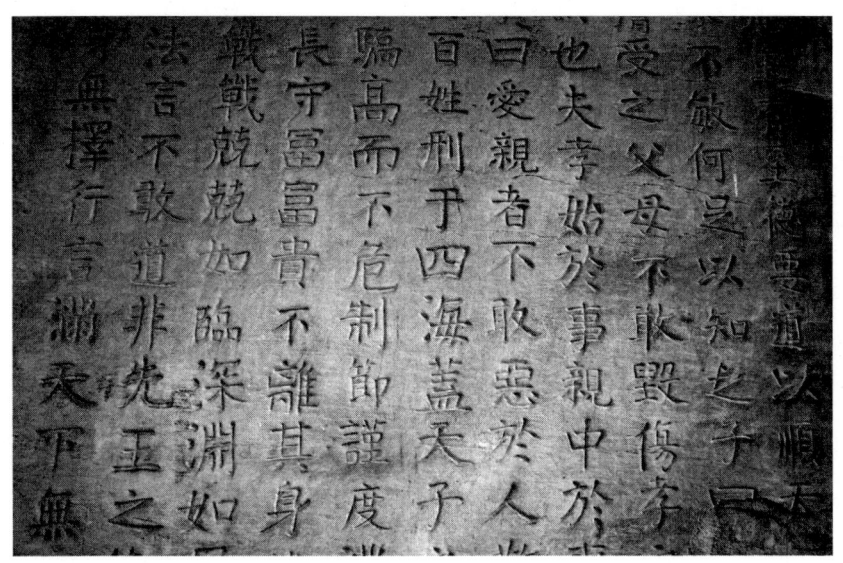

宋代《古文孝经》碑（局部）
重庆大足北山石刻

以后的卷6、7至卷10，都无不引儒家经典的语录或格言为设论的论点，接着举出历史上的圣贤、达人、名士的事迹作根据，进而阐明要说的道理。这与《颜氏家训》的写作方法是完全一致的。

值得我们注意的，司马光的《家范》还将《颜氏家训》直接引入文本，如卷3父、母卷中，直接引述了"教妇初来，教儿婴孩"及"人之爱子，罕亦能均"的论述；卷7兄、弟、姑姐妹、夫卷中，又引述了《颜氏家训》论兄弟关系的一长段论述。可见，司马光已将《颜氏家训》当作达人名士之言，作为他写作《家范》的新论据了。《颜氏家训》中引述的故事，司马光也搬进了《家范》。两相对照，仅卷3父、母卷中，就有七八个故事来自《颜氏家训》。司马光的《家范》与《颜氏家训》

之间的继承关系，可谓一目了然。

"礼为教本""人伦为重"，成为后世家训的"本之本"

《颜氏家训》极为重视"礼"的作用，称"礼为教本"；在"礼"中又极重视夫妇、父子、兄弟三者关系，又提出"人伦为重"的原则。后世的家训、家诫、家范无不重礼、重人伦，称之为家训的"本之本"。

《颜氏家训》之后的家训，无不言"礼"。司马光在《居家杂仪》中说："凡为家长，必谨守礼法，以御群弟子及家众。"另一部自宋至明不断增修的《郑氏规范》强调全家"须谨守礼法"。以后"谨守礼法"成为历代家训、家范中必见的词汇。

《颜氏家训》强调家庭中的伦理关系，要求子孙做到父慈子孝、兄友弟恭、夫义妇顺。之后的家训将家庭伦理进一步扩至社会，将君臣关系、朋友关系均作为一伦，有的家训说："明父子、君臣、夫妇、

《朱熹家训》
安徽黟县宏村汪氏宗祠乐叙堂（众家厅）

昆弟、友朋之节，知正心、修身、齐家、治国、平天下之道，以事父母，以和兄弟，以睦族光，以交朋友。"（陆九韶：《居家正本》）将人伦进一步扩及儒家修齐治平的理想之中，以至后世家训无不将"齐家"作为"治国平天下"的基础。认为"齐家，万化之原""国之本自家立，家齐而后国可治"（于鉴：《中说·齐家》）。将治国重担置于家族治理之上，将"家国同构"概念发挥到极致。

宋以后出现的各类家训、家范、家诫及族规、族法中，多出现"礼"与"法"并称，即使谈"礼"，礼的规条也越来越繁杂烦多，强制性条文也越出越多，很少见到颜之推那样因时、因地而说礼的章句。我们只见到一处，清代孙奇逢的《孝友堂家训》，他对子侄们说：

北中风俗，极重婚丧之礼，前辈创行困难，后人遵行非易，余十五年目击心识，就中有以行礼而反失礼之意者，不可不斟酌而损益之。竟在秉礼君子，力为之砥，不必定与俗同也。

可见明清时礼的烦琐已达到令人执行困难的地步。孙奇逢的话是真正体会到《颜氏家训》"礼为教本"本意的。

早教思想启示了后世家训的"蒙养"观

《颜氏家训》中有一整套早教思想（包括胎教、幼儿教育等），为后世家训所继承，并在此基础上，形成了"蒙养""蒙学"即启蒙教育观。

"蒙养""蒙学"在宋代已成为热议的问题。南宋吕本中便写了《童蒙养》，以自己所见所闻（大多为北宋时吕氏家族显贵及朝中大臣如

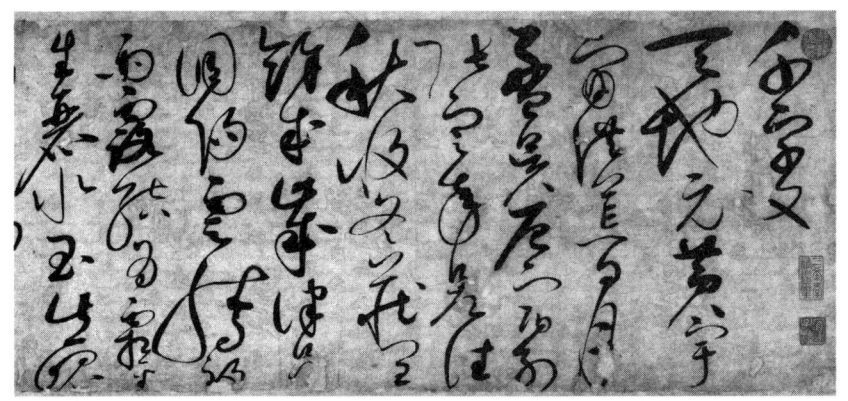

宋徽宗书《千字文》（局部）
《千字文》，又称《千文》，中国早期的启蒙课本，南朝梁周兴嗣撰

韩琦、范仲淹等人之事迹），足为后世所法的故事，教育子弟。朱熹也写了《童蒙须知》称："夫童蒙之学，始于衣服、冠履；次及言语、步趋；次及洒扫涓洁；次及读书、写文字；及有杂细事宜，皆所当知。今逐目列名曰《童蒙须知》。"这与颜之推在《颜氏家训》谈及的，当孩子知道哭笑，便应导习，婴稚时便要教之识人脸色，知人善怒，"使为则为，使止则止"是大体一致的。明代姚舜牧亦称，蒙养应"不疾不徐，不使一时放过，一念走作，保完真纯，俾无损坏"，要保持儿童一颗纯真之心，他还主张"蒙养不专在男也，女亦须从幼教之"。明清之际，家训作者将蒙养作为培养"圣功"（指儒家基本理论及修养）不可缺少的手段。"圣功全在蒙养，从来大儒，都于童稚时定终身之品，如果幼时不重蒙养，待习惯成性，始识补救，晚矣。"

蒙养亦有一定之规，什么年龄学什么，应有严格规定。如《郑氏规范》即规定郑氏族人，"小儿五岁，每朔望参祠讲书……可令学礼""子孙自八岁入小学，十二岁出外就傅，十六岁入大学，聘致明师……若年至二十一岁，其业无所就者，令习治家理财，向学有进者不拘"。这里所说"小学"即《颜氏家训》所指的识字、辨音义之学，"大学"即须读《大学》《中庸》等儒家经典之学。后世儒士对儿童阶段的启蒙，还包括了要关注儿童生理及心理特点，所谓"瀹其性灵，导其善志，养其和气，蓄其道德，不速其成，不诱以利，不饰以虚"。到清末，一些进步的教育人士，对此更为讲究，王筠的《教童子法》主张"蒙养之时，识字为先，不必遽读书"，先教象形字，从易到难，"讲又不必尽说正文，但须说入童子之耳，不可出之我口便算了事"。待儿童认了3000多字，八九岁时，再加上四声、虚实、韵部、双声、叠韵，便教之"属对"，并每日讲一典故，加上经文、国策、文选，"才高者十六岁可以学文，钝者二十岁不晚"。王筠还强调，"学生是人不是猪狗，读书而不讲，是念藏也，嚼木札也"。让学生读书有乐趣，以学做诗而言，要选择学生"目前所遇之事为题"。学生也有聪明和愚钝之分，必须按"教亦多术"方针，多方诱之，并以鼓励表扬为上。王筠的《教童子法》已相当接近近代启蒙教育的要求了。

从《颜氏家训》的重早教，到后世家训中所说的"蒙学""蒙养"，在中国家训体系中保存的儿童教育理论和办法，是一笔珍贵遗产，值得我们重视。

传统美德、处世经验，构成了后世家训重要内容

《颜氏家训》中有不少名言警句，是历代圣贤总结出来的处世经验，其中包含了中华民族的传统美德，所有这些，在后世家训中都有反映。

第一，后世的家训、家诫、家范都将保持家族间的和谐置于重要地位。如《袁氏世范》一共三门，187则，第一门便是"睦亲"，共60则，讲的便是父子、兄弟、夫妻、子侄间的失和原因及处理方法，最终建立"长幼多和协"的"兴盛之家"。有人以爱家、爱子孙、爱身为人之常情，说明"爱之之道"施于家，便能达到一家的"安宁和睦悠久"。

要使家庭和睦悠久，必须持家勤俭。后世家训、家诫、家范对勤俭持家论述最多。有的说，"居家切要在勤俭二字"；有的说，古今家法中，"唯是节俭一事，最为美行"；有的则将节用作为家长的"第一要务"，所谓"制财用之节，量入以为出""裁量冗费，禁止奢华"。

耕读人家
安徽西递旷古斋石雕。旷古斋建于清康熙年间，是一幢清朝时期典型的徽派庭院式的私家宅院。斋内的砖、木、石三雕都基本保持原样，正厅堂前摆放有西递古村落全景大沙盘，形象地再现了古村落的整个布局和山形地貌

以后"量入为出""禁奢靡"都屡屡出现于后世家训中。为敦促子弟勤俭持家，有的家训严格规定了族人劳作时间和婚丧嫁娶时的花费，其设计之严密，可叹为观止。

第二，后世的家训、家诫、家范都继承了《颜氏家训》在为人处世上的道德准则，并有所发展。

宋代以后，魏晋到隋唐的门阀世族已经衰亡，代之而起的是庶族地主，他们要维持的是"耕读传家"的门风。"耕"与"读"相比较，他们还是看重"读"。在学而优则仕的路子走不通后，便退而归农。因此自宋而明清家训中最多的是"子弟以儒书为世业，毕力从之""士为贵，农次之"；"第一品格是读书，第一本等是务农"；有的家训甚至对子弟讲，"教子正是要渠做好人，不一定要渠做好官"。这与世家大族出身的颜之推是不同的。

既要做好人，那么怎么应对纷繁的世界呢？他们又从《颜氏家训》中找来了传统的道德准则："忠信"，然后加上"笃敬"。关于"忠信笃敬"，《袁氏世范》是这样解释的：

> 财物交加不损人而益己，患难之际不妨人而利己，所谓忠也。有所许诺，丝毫必偿，有所期约，时刻不易，所谓信也。处事近厚，处心诚实，所谓笃也。礼貌卑下，言辞谦恭，所谓敬也。

这里的"忠信笃敬"，与颜之推时代已大不相同，少了正襟危坐的夫子气，多了市井交往的世俗气。光"忠信"还不够，有的家训加上"孝悌"，成"忠信孝悌"；还有的称，"孝悌忠信礼义廉耻此八字是八根柱子，有八字始能成宇，有八字始克成人"，从"忠信"两个字到八个字，显然是个发展。

第三，在解决了为人准则后，如何处理具体的处世之道、友朋之道，后世家训更多地承袭了《颜氏家训》。

如，多做好事、善事。有的家训要子孙不能做"不善之事"，如做了必有报应；有的家训则称，"世间第一好事，莫如救难怜贫"。

又如，近君子远小人，择友须谨慎。有的家训要子弟"慎交游，不可与便佞之人相与"，也即是"近君子而远小人"。朱熹给长子的信中交代，"交游之间尤当审择……大凡敦厚忠信，能攻吾过者，益友也"，进而他要求长子"见人嘉言善行，则敬慕而记录之"。与颜之推的"慕贤"主张如出一辙。

再如，与人相处要取其所长，不计其短，切勿妄自尊大。有的家训告诫子孙"汝与朋友相与，只取其长，弗取其短"，有的还进一步分析其中缘由："人之性行，虽有所短，必有所长。与人交游，若长见其短，而不见其长，则时日不可同处，若常念其长，而不顾其短，虽终身与之交游可也。"还谆谆告诫后人"不可妄自尊大"。有的家训反复向子孙交代"容人"的道理。

第四，在处理婚宦与家财问题上，后世家训完全赞同《颜氏家训》的"止足"观念。

有的家训提出，"男女议亲，不可贪其阀阅之高，资产之厚"，要看人相当不相当；有的则干脆将"嫁女择佳婿，毋索重聘；娶媳求淑女，勿计厚奁"当作格言；有的家训论及范围更广——"后人婚姻不可慕势利，仕宦不得过金紫，才过便思引退，奴婢勿出百人，良田勿逾十顷，蓄财及万，以拟吉凶缓急，不啻此，以义散其余，不及此，勿以非义求其足。"俨然是《颜氏家训》的翻版！

《颜氏家训》中某些消极的处世之道、友朋之道，同样也为后世家训所继承。例如，有的家训将"言语最要谨慎"与"交游最要审择"

并提,称"多说一句不如少说一句,多识一人不如少识一人",或是"言语简寡,在我可以少悔,在人可以少怨",为的是言语足以惹祸,这叫"谨言以杜风波"。这与颜之推要后代"勿多言,多言多事"是一个道理。还有,《颜氏家训》轻视妇女,反对妇女干政,后世家训也一如《颜氏家训》。特别是专为妇女写的《内则》《女训》《闺范》,几乎满篇皆是"谨守三从,克遵四德",要妇女学习历代贞女节妇。此外《颜氏家训》多谈佛教因果报应,也对某些家训产生影响,如明代李参坡与其妻口述的《庭帏杂录》。

"应世经务"与后世家训的"经世"思想

后世的家训、家范、家诫都一如《颜氏家训》,重视教育子弟读书,以达到"经世"的效果。这在明清特别是清代,一些有识之士所写的有关家训之类著作中尤为常见。

明末东林人士高攀龙所写《家训》即明示后代:"吾儒学问主于经世。"同时的徐三重在《明善全编》中,认为家运大昌的关键在四件事:"礼义须读书,时势须明达,事件须阅历,人情须体恤。"四件事中,后三件就不是靠埋头读书所能达到的。这番道理在清初的思想家孙奇逢那里也能找到:"学问须验之人伦事物间,出入食息之际。"

进入清代,随着经世之学兴起,一批有识之士在训诫后代时,大胆地批判八股之学,认为:"今时所为科目之文,守章句,攻训诂,驱天下瑰玮卓荦杰出之士,俯首而束缚于其中,方且相习为丐贷,剽窃空疏无用之学,以徼幸于一日之得,而不知所返,是故所养非所用。"他希望后代能"务为有用之学"。此类学者还以自己走过的路教训下一代:"吾头白齿豁,悔旧学误于无用。"因此千万不能再随一些人去追求名场利钝,学无用之学,否则,不仅"毫无增益",严重的还会赔掉性命。上述言论,比颜之推在批判六朝颓废士风基础上,提出为学要"应世经务""行道利世",走得更远了。

《颜氏家训》与后世家训的不同

后世的家训、家诫、家范,尽管都继承了《颜氏家训》的传统,但在总体上,还是有所不同。

张载

张载(1020～1077年),字子厚,凤翔郿县(今陕西眉县)人,北宋哲学家,理学"关学"创始人

首先,时代背景不同。宋代以后,庶族地主阶级登上政治舞台,他们很羡慕魏晋隋唐世族地主能世代保持统治地位,但是又不可能,正如宋张载说的:"且如公卿,一日崛起于贫贱之中……止能为三四十年之计。造宅一区,及其所有,既死,则众子分裂,未几荡尽,则家遂不存。如此则家且不能保,又安能保国家?"他们已认识到维护本家族利益,实质是维护封建国家利益。以是从封建国家最高统治者到一般封建地主无不提倡"敬宗收族"。清康熙就颁布《圣谕十六条》,将"敦孝悌""笃宗族"置于第一、二的位置。继任的雍正亲自将《圣谕十六条》作了解释,他的解释被称《圣谕广训》。雍正说,"敦孝悌""笃宗族"为自古而行之道,如全国军民不遵循,"古道之不存,即为国典所不恤"。封建国家已成为了家族的坚强后盾。"敬宗收族"的具体措施是立宗祠、修族谱、置族田。其中家谱内必载的内容便是家训一类的训诫之词。谱必列训,清代一本家谱说得明白:"谱列家箴、家礼、庭训,立宗法,实伸国

法也。"家族成了封建国家机器之外的又一基层单位,其中家长(或族长)成了家族最高统治者,家祠成了家族的统治机关,而宗谱中的家训,理所当然地成了国法的延伸和补充。这是《颜氏家训》产生的时代所无法比拟的。

其次,宋以后的家训更体现了礼法森严的特点。这时的家训将君君、臣臣、父父、子子的关系上升到法律层次,更加强调了其中的从属关系。朱熹说:"呜呼!礼废久矣。士大夫自幼而未尝习于身,是以长而无行于家。长而无行于家,是以进而无以议朝廷,施之郡县,退而无以教以闾里,传之子孙,而莫或知其职之不修也。"他特地编写了《古今家祭礼》《家礼》两本书,根据宗法思想和封建道德原则,详细规范了家庭和家族内部的一切行动,必须以礼来进行;将三纲五常、三从四德贯彻于一个人的言谈举止乃至从出生到死亡的全过程。朱熹的《家礼》经明代理学家丘濬的修补,称《家礼仪节》,此书流传极广,成为明以后各种家训的理论依据。这也是为什么宋明以后的各类家训,对礼的阐述极为烦琐的原因所在。宋明理学思想的介入或主导家训的撰写,便与中国早期家训如《颜氏家训》呈现了不同面貌。《颜氏家训》亦讲礼,但颜之推并不强调一定恪遵古礼,指出古今礼的变化,他说的"士大夫风操",有损益古今的意蕴在内,绝不如宋、明以后家训那样顽固、刻板。

再次,宋至清代的各种家训,体现了"训"与"诫"、"训"与"法"相结合的特点,越到清代,这一特点更显著。

如前所述,宋代司马光的《家范》,采用了《颜氏家训》多以事例教育人的写作方法,反映了循循善诱的特色。宋代几本著名家训如叶梦得《石林家训》、赵鼎《家训笔录》、陆游《放翁家训》、袁采《袁氏世范》都带有这个特点。到明代,这种引导、劝诱式家训便逐渐减少,随着家谱盛行,附于家谱中的各种家训蜂涌出现,家训以"家法""家规""族法""族规"名义问世的频率增加;在表现形式上,娓娓细谈变成了干巴巴的法律条文。我们看到清道光二十八年(1848年)订立的安徽太平《李氏家法》,其中《家法引》

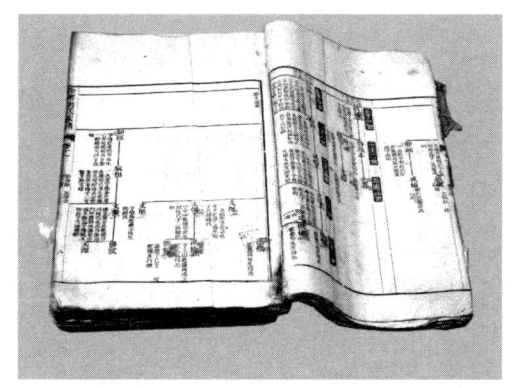

《绩溪金紫胡氏宗谱》
清代乾隆年间刊本,《徽州教育》展厅,安徽中国徽州文化博物馆

中便声言:"情以宽君子,法以惩小人。苟无其法,则小人皆得暴戾恣睢以凌。夫君子力不竞而势不敌,且将退避静默之地,以听小人之所为,世风尚可问乎?"将广大族人当作"小人",处处设防,谁违犯了家法,则"削不入籍"。另有一本宣统三年(1911年)清朝灭亡同年订立的湖北麻城《鲍氏户规》,对族人更不容情,明确规定了违犯户规的各种惩罚办法,有:"免祀""逐出族外"的家族内处罚;更有杖一百、八十、三十、二十,笞三十、二十的条款。杖、笞本属政府部门执行的刑责内容,将政府律例搬到家族内部,而国家法律却对之容忍、默许。由此可见,清末家族内部的族规、族法已与政府法律同归合一了。

小知识◎司马光和《家范》

司马光（1019～1086年），字君实，北宋著名政治家、史学家，陕州夏县（今山西夏县）涑水人，世称"涑水先生"。仁宗宝元元年进士，神宗时因反对王安石变法而辞归洛阳，哲宗时任尚书左仆射兼门下侍郎，死后封温国公，谥文正。为史学名著《资治通鉴》主编。他为教诫子孙和家人写的《家范》《居家杂仪》，被后世士大夫推崇为家教的范本。

◎袁采和《袁氏世范》

袁采，南宋官吏，衢州信安（今浙江常山）人，曾任乐清县令、监登闻鼓院。《袁氏世范》著于孝宗淳熙五年（1178年），初名《俗训》，后更名《世范》，俗称《袁氏世范》，收入《四库全书》时，提要称其"《颜氏家训》之亚"，评价甚高。

◎蒙养

童蒙，本指幼稚、知识未开的儿童；养，有修养正道之义。所谓"蒙以养正"。所以儿童开始读书称"开蒙""发蒙"，幼儿所读的书如《三字经》《百家姓》之类称"训蒙书"，亦称"蒙养书"。"蒙养学"与今儿童教育学接近。

◎ "东浙第一家"与《郑氏规范》

　　据《明史》记，郑氏远祖自南宋建炎年间即在浙江浦江定居，凡300余年，累世同居，"一钱尺帛无敢私"，一遵朱熹《家礼》而行。《宋史》《元史》《明史》将郑氏事迹载于《孝义传》中，明建文帝曾御书"孝义家"赐之。明代郑氏子孙郑文融撰《家范》，后经陆续增补成《郑氏规范》，屡次重刻，后人誉为家训另一范本。

图书在版编目（CIP）数据

家训之祖：颜氏家训 / 冯祖贻著. — 郑州：中州古籍出版社，2014.5
（华夏文库）
ISBN 978-7-5348-4635-9

Ⅰ. ①家… Ⅱ. ①冯… Ⅲ. ①家庭道德 – 中国 – 南北朝时代 ②《颜氏家训》– 研究 Ⅳ. ①B823.1

中国版本图书馆CIP数据核字（2014）第004740号

华夏文库・儒学书系
家训之祖：颜氏家训

总 策 划	耿相新　郭孟良
责任编辑	张向敏
责任校对	王　健
封面设计	新海岸设计中心
版式设计	曾晶晶
美术编辑	曾晶晶
责任印制	刘新毅
项目统筹	单占生　萧　红（执行）

出　版	中州古籍出版社
	地址：河南省郑州市经五路66号
	邮编：450002
	电话：0371-65788693
经　销	新华书店
印　刷	河南新华印刷集团有限公司
版　次	2014年5月第1版
印　次	2014年5月第1次印刷
开　本	960毫米×640毫米　1 / 16
印　张	8.5印张
字　数	120千字
印　数	1–3000册
定　价	22.00元

本书如有印装质量问题，由承印厂负责调换